智元微库
OPEN MIND

成 长 也 是 一 种 美 好

疗愈你的内在小孩

心理学家施琪嘉的 30 堂深度成长课

施琪嘉————

著

人民邮电出版社

北京

图书在版编目（ＣＩＰ）数据

疗愈你的内在小孩 ： 心理学家施琪嘉的30堂深度成
长课 / 施琪嘉著. -- 北京 ： 人民邮电出版社，2021.1
ISBN 978-7-115-55120-7

Ⅰ．①疗… Ⅱ．①施… Ⅲ．①压抑(心理学)－自我控
制－通俗读物 Ⅳ．①B842.6-49

中国版本图书馆CIP数据核字(2020)第201967号

◆ 著 施琪嘉
责任编辑 张渝涓
责任印制 周昇亮

◆人民邮电出版社出版发行　　北京市丰台区成寿寺路11号
邮编 100164　　电子邮件 315@ptpress.com.cn
网址 https://www.ptpress.com.cn
天津千鹤文化传播有限公司印刷
◆开本：880×1230　1/32
印张：7.5　　　　　　　　　2021年1月第1版
字数：150千字　　　　　　 2025年9月天津第23次印刷

定　价：59.80元
读者服务热线：（010）67630125　印装质量热线：（010）81055316
反盗版热线：（010）81055315

自序：
拥抱内在小孩，就是拥抱最真实的自己

你好，我叫施琪嘉，是具有医疗背景的心理治疗师、高校教授。我受过神经科学和神经内科的训练，做过神经科医生，后来因为对心理学感兴趣，所以转向心理治疗和精神医学，当过精神科医生。

后来的十几年，我的工作主要集中在精神分析以及对严重的人格障碍的治疗上。根据多年对人格障碍病人进行治疗的经验，我发现很多人的消极自我实际上来自童年，我们称这种消极自我为有创伤的内在小孩。

内在小孩是每个人内心中的孩子。我们每个人内心中都有一个孩子的状态，这个内在的孩子不会随着我们的年龄增长而消失。相反，他会永远像一个孩子一样躲藏在我们内心的角落里。

如果你的运气足够好，你的父母能善待你，那么在你成长的过程中，这个内在小孩就会健康快乐地活着。

可是，如果你很不幸地生长在一个环境特别恶劣、得不到父母善待和珍惜的家庭里，那么你的内在小孩就会变成一个有创伤的内在小孩。

当你在现实中工作、学习、生活时，这个有创伤的内在小孩随时都会跳出来，哭泣、恳求，干扰当下的你。

可以说，**一个人一生所受的种种困扰大都源于幼年的创伤留下的阴影——他总是带着一个有创伤的内在小孩生活。**

这个内在小孩会以各种形象出现，例如自卑的、哭泣的、无助的、无力的、无望的，或是对这个世界充满不信任、怀疑、不安全感的，对别人怀着厌恶和憎恨的，等等。

比如，一个很漂亮的女孩，但她从来不觉得自己漂亮，这就是因为她的内在小孩总被父母否定而受了创伤。她的父母从来不认为他们的孩子是漂亮的，从来不认为他们的孩子是有才能的，从来不认为他们的孩子是应该存在的、是有意义的。

因为有了她，她的母亲受到婆婆的虐待；因为有了她，她的母亲无法和父亲离婚；所以，她的母亲十分讨厌她，当然也就对她没有好脸色。

这个女孩也从来不认为自己是一个有才艺的、值得享受幸福的孩子。在她长大后变得楚楚动人时，在她学习成绩很好时，在她以后要去追求生活时，她的选择在外人看来总是特别配不上她。

有很多优秀的男性去追求她时，她都觉得自己配不上他们，并且会产生疑问："他们怎么这么看我？他们怎么会说我漂亮？他们怎么会说我对人很好？他们怎么会说我很有才能？"

她从来不相信自己，所以在人群中总是唯唯诺诺、小心翼翼，而且总是自我贬低。

她找的男朋友以及后来找的丈夫都不是什么好男人。也就是说，她把自己的日子过得很苦、很惨，而且几乎是找虐。和她在一起的男人很快就能感觉到她需要被贬低，进而在相处中变成"渣男"。

在治疗过程中，我们会和她讨论她的有创伤的内在小孩——一个不自信的、不漂亮的、不值得被人爱的内在小孩。

当然，这个有创伤的内在小孩要发展成一个自信的、健康的、阳光的、能够自我认同的内在小孩是需要很长的时间的。因为这个有创伤的内在小孩一直躲在她的内心深处，她已经习惯了这个内在小孩的存在，甚至分不清哪些感受和意愿是自己的，哪些是这个内在小孩的。一个很典型的代表就是童话故事里的灰姑娘。《灰姑娘》这个故事大家可能都已经耳熟能详了，它讲述了一个叫辛德瑞拉的小女孩，在很小的时候她的母亲就去世了，她的父亲娶了继母。这个继母和她带来的两个女儿都对辛德瑞拉很不好，把她当作仆人，让她在厨房里干活，还只给她穿破旧的衣服。日夜劳累和破旧的衣服掩盖了辛德瑞拉的美丽，因此大家都叫她"灰姑娘"。

有一天，城里来了一个王子，要举行盛大的舞会。灰姑娘的继母带着她的两个亲生女儿去参加舞会，希望其中一个能被王子看中。她们不许灰姑娘参加舞会，而且还讥笑说她这种人只配待在家里做杂务。

后来，一只会魔法的小精灵将南瓜变成豪华马车，把灰姑娘装扮成一个美丽的公主，还给她变出华丽的衣服和水晶鞋，让她穿着参加舞会。王子一眼就看上了她，一曲接一曲地邀请她跳舞。

但是小精灵的魔法是有时限的，到了某个时间，靠魔法变幻的东西就会回到原形，她必须赶在那个时间之前回到家。所以舞会结束后，她不能接受王子的挽留而匆匆离开。但在慌乱中她跑丢了一只水晶鞋。

王子带着那只水晶鞋在全城寻找她，识别的办法就是看谁的脚刚好能穿上这只鞋。王子用这个办法最终找到了灰姑娘。结局就是大家所熟悉的：王子和公主从此过上了幸福的生活。

我们从这个故事中可以看到，灰姑娘的内在小孩就拥有一个没有母亲的、被贬低的、缺少父爱的、灰头土脸的自我形象。

那只水晶鞋当然很重要，水晶鞋代表着她从一个灰姑娘转变成一个深得王子欢心的优雅公主的契机。

在用"内在小孩"理论解决个人困扰时，寻找"王子"和"施展魔力"的人固然重要，除此之外还要寻找一只"水晶鞋"，一只你穿上最合脚的"水晶鞋"。

有了一个契机、一个引爆点，你就可以变得更加自信。

所以，我们要问我们的王子在哪里？我们的那只会施展魔力的小精灵在哪里？我们的水晶鞋在哪里？就心理治疗的角度而言，探索能疗愈那些有内在小孩创伤的人所需要的技术的过程，也就是找寻这些问题答案的过程。

如果你的生命所拥有的天赋、资源、精神能量、自信是一个宝库，那么你的内在小孩就是这个宝库的看门人。如果他闹脾气不肯放行，你就无法调用这些资源和能量实现自己的目标。

在本书中，我们要介绍如何发现自己的内在小孩，如何看见自己内在小孩的创伤，如何疗愈自己的内在小孩，如何让自己的内在小孩从一个深受创伤的内在小孩变成一个正常的内在小孩。

我希望和大家一起踏入寻找自我、寻找自己的内在小孩的旅程。在本书中，我会陪你一起找到你的内在小孩，让你以成年人的身份，走回你的童年，帮助你的有创伤的内在小孩，并把他变成健康的、快乐的内在小孩。

目 录 | C o n t e n t s

第 1 章

看见·与我的内在小孩对话

第一节 初识·我的内在小孩长什么样

■ ■ ■ ■

本节概要：初识内在小孩

● 克莱因的研究贡献：孩子的内心现实与客观现实的不同

● 两个哲学观点：人之初性本善与人之初性本恶

● 性恶论的证据：出生创伤让孩子对世界的第一感受是恐惧、不安全和不信任

● 中国文化与内在小孩：老子"专气致柔，能婴儿乎"的心理学解释

内在小孩是一个怎样的概念，对我们有怎样的意义？

之所以强调内在小孩，是因为他虽然不容易被发觉，但却对一个人的生命状态起着决定性作用。

主要从事婴儿研究的英国精神分析师克莱因把弗洛伊德的有关儿童的研究范围从3岁以后提前到1岁以前。

有很多人好奇，克莱因怎么知道孩子是怎么想的？关于这一点，一个很重要的信息来源其实是对自己孩子的观察。克莱因也不例外，她的结论也是基于对自己孩子的观察。

但是，婴儿不会讲话。所以，克莱因在理论上最大的一个发现是，**孩子内心想象出来的母亲和真正的现实中的母亲不是一回事**。孩子具体是怎么想的姑且不论，克莱因提出的这个观点本身就是非常大的突破。

也就是说，一个孩子在出生时，就开始逐渐形成对外界的印象。这种最初形成的对外界的印象和现实世界中的往往并不一致。

由此可以归纳出内在小孩的一个特征：内在小孩的想法与现实中的人和事是不太一样的。

所以，**我们在提及内在小孩时，首先强调的是内在，其次强调的才是小孩。**也就是说，既然他是一个孩子，他的想法就应该是孩子般的。

弗洛伊德提出的一个很重要的观点：**出生创伤**，曾得到广泛认同。他的学生奥托·兰克为此专门写了一本书，叫作《出生创伤》（*The Trauma of Birth*）。他认为，**孩子从一个胎儿到出生以后变成婴儿，这个过程是非常痛苦的。**

我们可以想象一下，当孩子泡在母亲肚子里的羊水里面时，他既不需要呼吸，也不需要吃东西，所有的营养供给都来自胎盘和脐带输送的血液。所以他在妈妈肚子里时处于一种优哉游哉的状态。可是，在经过分娩脱离产道来到人世间时，孩子就感受到了巨大的威胁，因为他必须张开嘴巴呼吸。

早年，我曾在德国出了车祸，因为伤势严重，用了呼吸机。在醒过来之后，有一次呼吸机突然暂停了一下，当时神志处于清醒状态下的我感觉肺部被完全抽空了，肺里好像完全没有空气。

那一刻，我体验到了极大的恐惧。所以，我估计，原初胎儿分娩出来以后变成婴儿的过程的感受也大体相同。

婴儿来到这个世界上的瞬间便要大声啼哭。为什么孩子要大声啼哭？因为他不会呼吸。只有在这种大声啼哭的过程中，氧气才能进入肺部。

再如，得了肺炎的人，因为很难受就不得不坐起来呼吸。但是，无论他怎么呼吸，氧气都进不去，或者氧气进入量很少。

婴儿刚从子宫出来时，因为之前一直泡在羊水里，从来没有呼吸过，所有肺泡可能都是压缩的。肺就像一个气球一样，要被充气；横膈膜也像一个降落伞一样，要被撑起来。婴儿需要通过第一次呼吸把肺液全部冲出来，让氧气进去。

如果你无法回忆起这种感觉，那么我可以负责任地告诉你，这种感觉不仅是一种新奇的感觉，还会是一种恐惧的感觉。

比如，我们对失重的体验就与此相似。

当你乘坐的飞机突然下坠时，或者你足够有勇气可以去尝试一下蹦极，你感觉到的不仅是刺激，还可能有恐惧，因为你不熟悉这种体验。

对婴儿来说，他第一次张嘴呼吸时，虽然吸入氧气能让自己活下来，但是那种感觉可能是非常惊恐的，他的感觉其实是"我活不下来了"。

类似地，婴儿想吃东西时，肚子是很饿的，但是他并不知道这是饥饿的感觉，他的感觉是胃如刀割。

所以，和呼吸时的遭遇类似，婴儿在吃第一口奶时，胃被撑开的感觉也不是特别舒服，而且是剧烈痉挛，因为他的胃没有接受过外来食物的刺激。就像平时不吃辣椒的人如果突然吃辣椒，绝对不会像很多经常吃辣椒的人那样特别享受，而是被辣得很难受。

因此，婴儿来到这个世界上的第一感觉应该是不信任、不安全，仿佛自己可能活不下来，特别惊恐。也就是说，婴儿的内在世界不会是特别安静的、温顺的或对周围的环境特别友好的。

从这个意义上来说，性恶论中所讲的"恶"，可能并不意味着他是一个坏孩子，他也可能只是一个极度惊恐的孩子。

我之所以会同意这一观点，是因为婴儿面对的一个最大的问题就是生存。他的惊恐和焦虑，我们称之为存在的焦虑，即"我能不能活下来"，也就是"姑且不论周围的环境对我是否友好，问题是我能否活下来，我能否信任周围的环境"。

人们会把婴儿的第一声啼哭描述得无比美好，想象着每个人都带着热泪来到这个世界上，拥抱这个世界。其实并不是。

婴儿最初的感受未必那么安全，那么幸福，那么满怀期待。应该说，每一个刚出生的婴儿内心体验都像是从平静的生命之湖突然被抛进惊涛骇浪的大海——惊恐、无助、不知所措。他的啼哭表达的可能更多的是对新世界的抗拒，是回到原来那个平静、安全、富足的宫殿里的希望。

在很多心理或精神上患有疾病的成年人的一些梦境中，常常会有很多想退回到母亲子宫的意象，比如看到海洋，或者通过一个黑暗的、狭窄的通道，这些都暗示着他想退回生命最初的状态。因为在生命最初待在母体里时，他太安全了，他根本不需要为生存付出努力。

现在的很多成年人，看到外面世界纷杂，充满竞争，就愿意宅在家里，整天打游戏，盯着屏幕，躺在床上，由父母把饭端进来……这就是我们所说的宅男宅女。他们基本上就像退缩回母亲子宫中的、漂浮在羊水中的胎儿一样，不需要任何外界的刺激，也受不了外界的刺激。

处于这种状态，其实是因为他们的内在小孩没能消除对世界的恐惧，没有找到适应世界的办法，没有培养出操控自己生活的力量，所以他们选择了逃避。

我们如何让内在小孩变得平静，让内在小孩能接受自己的

现实呢？

我们先看看现实中的婴儿是怎样被抚养长大的。

现实条件是基础。比如，在现实中，我们会先把初生婴儿的嘴巴、耳朵、鼻子里的黏液全部清洗干净，以便他正常地呼吸；用柔软暖和的襁褓紧紧包住他，在他哭泣时抱抱他，给他喂奶……慢慢地，他就会接受这个环境。

在接受环境的过程中，他也开始熟悉环境、适应环境，然后渐渐安静下来。这时我们就看到了这个婴儿最本真的状态。

老子有一句话，"专气致柔，能婴儿乎"。这句话描述的是婴儿熟睡时所表现出来的那种柔顺如意的自在状态，其实这句话也描述了一个人本真的状态。我们可以这样理解这句话，成年人都在培养自己专注的能力、对世界充满温暖感觉的能力、对人性的期待变得特别柔顺的能力，可在这些方面，有谁能比得上一个婴儿？任何成年人在专注、纯真、单纯这些方面，可能都比不过一个婴儿。

当然，老子的描述和上文提及的内在小孩不是同一个状态。老子这句话所描述的内在小孩是已经适应了环境，对周围世界已经完全信任，变成一个特别安静、恬然和让人喜欢的婴儿。

第二节　理解·他对我来说意味着什么

■　■　■　■

本节概要：理解内在小孩

- 精神等价状态：这个世界就应该如我所愿
  - 父母应该竭力满足孩子，迎合孩子的心理状态
  - 得到满足之后，孩子才会顺应发展
- 创伤内在小孩的两个发展方向：
  - 特别糟糕、麻烦、不可爱的内在小孩
  - 特别安静、特别乖的内在小孩，但是退入自己的内心世界、隔离外界
- 最原初的体验：全能体验（"上帝的体验"）

在上一节中我们提到，内在小孩原初的状态并不总是对世界信任，感到安全，从而对外界表现出友好的。原因可能在于，在他的感受中，这个世界对他也不全然都是友好的。

但实际上，就像克莱因指出的，一个孩子内心的想象和现实未必是一回事，他们看到的人和现实是有很大的差距的。了解这一点非常重要，这可以帮助我们理解幼儿、儿童，有时甚

至是成年人。

一个人如果认为自己的内心期望和现实没有差距，他可能就是一个精神病人，这种状态被我们称之为精神等价。

精神等价指的是这种情况，"我认为现实就应该是这样的""我认为这个天下都是我的""我认为这个天下都欠我的""我认为别人都是坏人"，等等。这个表现往往在精神病人中存在。

这种表现还会出现在一些特别小的幼儿身上。他们跟爸爸妈妈说："我要那个东西"，那爸爸妈妈就要给他，否则他就会大哭大闹。但是，有些人的看法就是不能太溺爱孩子。不能宠爱孩子，不能溺爱孩子，这类观点实际上就是不去满足孩子一些原初的要求。

当孩子说"要"时，如果你不去满足他，他的内心和外界就会出现差异。这个差异就是"这个世界不如我愿"。

但这实际上是存在危险和矛盾的。**孩子特别小时，并不能理解现实和自身想法的不一致。**他们会问："现实和我的想法怎么会不一致呢？"

也就是说，在这一点上，需要大人去理解孩子的心理——"我是怎么想的，这个世界就应该如我所愿"。

因此，当孩子很小的时候，父母竭力满足孩子并不一定是溺爱，而是迎合孩子当时的心理状态。因为无法理解现实，他只能在他的内在世界中生活。

如果一个孩子，他的内在世界是所有事都如他所愿的、安静的、宁静的，那么他的大脑就会发育得越来越健康，他就会无损地发展他的其他的功能结构。

当这个孩子的心理和身体发展处在无损状态时，他的大脑细胞联结越来越多时，他对这个世界的看法就会逐渐具有现实性。

在孩子很小的时候，尽量无条件地满足孩子，这并不是溺爱。我们满足的正是内在小孩提出的种种要求。

在他还没有能力适应现实时，我们应该给他提供一种土壤，让他能够生长起来的土壤。

在他慢慢长大后，他就会具有现实检验的能力，就能区分内在和外在。

而往往，我们成年人总是以成年人的标准去要求特别小的孩子。我们会要求孩子，要孔融让梨，要孝顺父母……在这些要求下，孩子感觉不到现实对他多么友好，因此他会逐渐退到自己的内心中，在内心形成一个虚构的状态。这正是孩子要求得不到满足的危险之处。

有时如果外在的环境特别恶劣，这个孩子就会逐渐在内心营造一个理想的世界，变得"不要跟现实接触"。

上文提到的宅男宅女，也被人称作巨婴，甚至是巨胎，他们就是不愿意成长，不愿意适应社会，逐渐停留在自己想象的世界里的代表。

这个想象的世界当然是一个乌托邦、一个理想国。在这个世界里，他想要什么就有什么。这个世界中的父母可能比现实中的父母更加完美。

有很多孩子相信"我的父母不是我亲生的父母""我的亲生父母把我遗留在这里"，甚至还有的孩子会想象"我是外星人，是外星人把我放在这个地方的"。

比如，一个生活特别贫穷、困苦的孩子，他就可能质问爸爸："我是不是你亲生的？我的亲生父母是不是把我留在这个地方，他们有一天会来接我？"他就会在内心世界逐渐产生和现实差别越来越大的想象。

这种最初的要求没有得到满足的小孩，其内在小孩可能会朝着两种截然不同的方向发展。

一种方向是他发展出特别糟糕的内在小孩。

正如上文提到的，刚出生的婴儿可能觉得这个世界不友好，自己也就变得特别易激惹[1]，成天哭泣、生病、出疹子，把自己挠得到处是伤痕……这样的小孩就令人觉得麻烦，特别黏人，因而特别不可爱。

---

[1] 易激惹指不适当反应过度的一种精神病理状态，包括烦恼、急躁或愤怒。——编者注

另一种方向是他发展出特别安静的内在小孩，不闹不吵，特别乖。

但是，他会越来越多地退回自我世界，越来越少地接触外界，也不愿意跟人有眼神接触。他虽然特别乖，但是不愿意做一些对外的探索，也因此变得特别孤僻。

这两种发展方向都是比较危险的。这样发展起来的内在小孩很可能是不健康、不稳定的，甚至可能发展为病态的、有创伤的内在小孩。

如果一个孩子坚信他不是父母亲生的，而是来自另外的家庭，或者是来自外星球，那么以后很可能患上儿童精神病。

那么，如何让内在小孩健康地成长发展起来？那就要给他足够的信任、接纳，以及足够的爱。但是这一点，常常被理解为宠爱孩子。

在传统的育儿习俗中，曾经有一个现象叫作裹粽子。裹粽子就是把孩子严严实实地包裹起来，像粽子一样捆起来。对于这种传统育儿习俗，有一种堂而皇之的说法，"没有规矩不成方圆"。在孩子小时候就要让他待在一个受约束的环境之下，以后他就会知道要懂规矩，不会随意哭闹。

这个孩子不是躺在被子里，而是被捆在被子里，他被捆得紧紧的，像部队里打好的行李装一样，被放在小摇篮的正中间。我们现在会觉得这样做很奇怪。

当然，孩子在大部分时间里都是在睡觉、饮食。这么安静的一个孩子，大家都觉得很放心。在这种情况下，孩子哭闹也没有用。可是，这个孩子有机会活动，有机会伸展自己吗？没有。当然，这是一个特别特殊的传统文化现象，现在已经很少见了。

其实，孩子在很小的时候，尤其需要被无条件地满足，有人甚至具体研究过要早到什么程度。

比如，女性精神分析师玛格丽特·马勒认为，孩子在出生以后的 3 个月之内，仍然处于胎儿的状态，所以父母应该给他提供一个母亲子宫般的环境，也就是无条件满足。他哭闹时，就要有人陪、把他抱起来哄；他要吃东西时，也要马上有人喂；他排便后，也要有人马上清洗干净。

于是，孩子在内在世界中，就形成这样一种印象：我就是这个世界的主宰、我就是"上帝"，我一开口、一哭，马上就有人来哄我；我要吃东西，一张嘴，马上就有乳汁喂进来；我一尿尿，马上就有人来给我清洗。

你可以看到，在照顾婴儿时，成年人如果能完全及时满足婴儿的需要，就会让婴儿得到全能的体验，也就是"上帝的体验"。

婴儿无法理解，为什么睁开眼睛，我的世界就完全不一样了？为什么一闭上眼睛，这个世界就没有了？他并不用"看见"这个词。

婴儿能够达到的理解就是"我眼睛一睁开就全然出现了一个世界，这个世界是我创造出来的"。

所以，早期的内在小孩就是一个"上帝"。他在出生后，所有的感受和待遇都是如"上帝"般的，要什么有什么。

在这种状态下，如果不满足他，他就可能无法存活。能让我们活下来的最早期的内在小孩，就是一个"上帝"般的存在。

在这一时期，虽然母亲很辛苦，但孩子确实只有得到了"上帝"般的感受才能够活下来。

因此，从某种意义上讲，我们的内在可能还保持着最原初的体验，一个"上帝的体验"。这种体验来自我们所处的状态，而这种状态则来自人类与众不同的出生方式。

一些哺乳动物出生后，几分钟之内就必须站起来，甚至必须学会奔跑，否则它就无法在残酷的现实中存活。动物幼崽出生的时候，是附近的猛兽最开心的时候，因为它们可以轻易吃掉刚出生的小动物。

刚出生的小动物还完全没有抵抗力，它们的母亲刚生产完，也要自我休整。这时，小动物就需要自己把自己的命保住。所以，在非洲大草原上，雌性动物生产小动物的过程实际上是非常危险的。

　　而对于人类来说，这个过程实际上更加危险。因为人的出生是早出生，也被叫作不成熟的出生。初生的婴儿无法像动物幼崽那样，刚出生几分钟就能站起来，就能奔跑，就能自己逃命。人类幼儿必须经过一年多的时间才能慢慢学会走路，学会奔跑，才能慢慢理解这个世界。在这个时期，他完全处于一个手无缚鸡之力的状态、一种非常脆弱和危险的状态，非常需要照顾。因此，他自己就必须具备"上帝"的感受，只有这样，他才能获得足够的重视，才能生存下去。

　　一个状态特别糟糕的人，在他的内心世界，必须让自己变得特别重要、光芒四射、具有"神力"，不然他就难以生存。

　　内在小孩原初的状态就是一个"上帝"般的存在。

第三节　辨别·内在小孩也有"上帝"与"恶魔"吗

■　■　■　■　■

本节概要：辨别内在小孩

- 怪力乱神：孩子早期的很多体验会留在躯体上

- "上帝"意象的内在小孩

  ○ 温尼科特的视角：孩子早期会把父母当作工具无情地使用

  ○ 如果父母把孩子当作工具，会导致孩子的"上帝"情结受阻

- "恶魔"意象的内在小孩

  ○ 幼儿期表现为经常生病、折腾父母、到处捣乱

  ○ 成年人的"恶魔"内在小孩会导致人突然偏离常态

- 两种意象的内在小孩会在同一个人身上发生切换

上文我们介绍了内在小孩形成的过程与条件，以及内在小孩不是天生就分为好或坏的，也不能仅用好或坏来形容内在小孩。他可能既是"上帝之眼"，也是"恶魔之手"。本节我们来介绍如何辨别自己的内在小孩。

一个孩子内在的好和坏取决于他的感受。由于他的大脑还不具备对事物的识别能力和对信息的整合能力，所以不管外界

如何，在他的内心，"能够活下来"就是王道。

"子不语怪力乱神。"孔子不会说些神怪、大力士以及其他神神道道的东西。

很多美国大片的票房之所以比较好，赚得盆满钵满，很大一部分原因就是其内容主要是怪力乱神。从超人到绿巨人、蝙蝠侠、金刚狼，以及一些经典的童话，例如灰姑娘的故事，都被拍成电影。甚至各个国家都发展出各个国家的怪力乱神。

这些电影的原型就来自婴儿出生以后对这个世界的认识和一些想象。

有些人的记忆可能开始得比较早，能记住自己生命早期的经历，比如，有的人能够记住3岁以前的事，甚至能够记住自己出生的过程。

一般来说，我们对3岁以前的事是没有记忆的，大多数人的记忆是从5岁以后才开始的。当然，对出生过程的记忆，可以被称为记忆，也可能是想象。

但是，**实际上临床的经验已经表明，有些人虽然说不清楚自己的记忆，但是他依然能以其他的方式呈现出特别早期的创伤。**

比如，一个孩子在4个月大时，妈妈就给她强行断奶。她在自己生孩子时，就会对孩子在4个月大时需要断奶这件事特别敏感。

她会感到很矛盾。一方面，她很想找个理由给自己的孩子断奶，而另一方面，她又觉得自己这样做不是好妈妈。

我在临床中就见过这样一位年轻妈妈。她生了个儿子，在孩子4个月大时，给孩子断了奶，但是她也不知道为什么要这样。

然后，到孩子6个月时，又重新给孩子吃母乳，到孩子8个月时，又再一次给孩子断奶。虽然她的奶水很充足，但是她心里觉得给孩子喂奶到4个月大时就是一个坎。

我进一步追问她小时候的事，她回忆起她在小时候吃妈妈的母乳到4个月大时，妈妈怀上了她的弟弟，从此就不再给她喂奶了。

因为有过这种经历，她对给儿子喂奶的敌意其实来自她对自己弟弟的敌意，这种记忆是在特别早时就停留在躯体上的。

孩子生命早期形成的奇奇怪怪的不良体验就这样停留在他的躯体上。当大脑还没有辨别分析能力时，这些不良体验便在他的内心营造出各种各样的意象，形成了内在小孩的思维逻辑。这就是我们前面所说的怪力乱神。

内在小孩有哪些类型？

第一个类型是"上帝"意象。"上帝"意象的内在小孩就是一个小王子、小公主，或者他就是一个会飞的小神童；显示出自己能藐视一切、贬低一切，周围的人全部是他的仆人。

英国的精神分析师温尼科特创造出一个名词——**被无情使用的工具。父母在孩子很小时，要允许自己被他们无情地使用，当作工具使用。**

他发明这个词是非常有意义的。首先，父母是工具不是人。其次，既然你是工具，孩子怎么用你是孩子的事情。所以，他用了"无情地使用"这个词。

当然，很多中国父母接受不了这句话，因为有些父母讲究在孩子很小时，要教他守规矩，要教他懂礼貌，要让他孝顺。

但是，这些都是成年人的思维。在孩子很小时，把这么重的担子交给他，他其实无法理解，他可能更多地感觉到的是成年人不喜欢他，比如，通过教训他时的语气、鄙视的眼光，等等。

孩子当然希望得到爱，而且这个爱是无条件的，所以温尼科特用了"无情地使用"这一词语。但是，他后来又用了一个词来说明这一点，这个词叫作"物化"。

孩子在刚出生时或特别小时，没有认知能力，辨认不出父亲、母亲。他的目的在于他要活下来，所以他会利用一切力量让自己活下来，因此他对周围的环境只有一个物化的概念。

物化，就是把人看作一个物体。成年人要迎合孩子的这种所谓的"上帝"意象，不要把自己当作人，也不要把自己当作孩子的父母。仅这一点很多父母就难以做到。

举一个现实中的例子，一个孩子看到火，想知道被火烤是什么感觉，自己又不敢尝试，他就会把父母的手指拉向炉灶。

好的父母不会因此生气，因为对孩子来说这只是一个好奇心驱使的行为。孩子如果看到父母很夸张的表现，比如说烫、吹自己的手，孩子就知道，火是危险的。

但是，很多父母在这个实验中会觉得，孩子怎么这么小就是个坏孩子，怎么这么小就会用火烤自己的父母？他们对孩子的行为上纲上线。但是，孩子只不过是把父母当作工具，为自己所用，去探索世界、去接触环境而已。

也就是说，孩子作为"上帝"，他当然不认为周围的东西是不能为他所用的，他不认为使用周围的物品是有代价的，他当然会无条件地使用周围的一些人或事物。所以，温尼科特用了"无情地使用"这个很极端的词。

如果你在孩子早期能允许自己被孩子当作工具无情地使用，孩子长大以后，当你年老时，他就会对你充满感情。这正是一个鲜明的对照。

如果在孩子很小时，不是孩子把父母当作工具使用，而是父母把孩子当作工具使用，把孩子物质化——"你如果学习好了，我就给你买什么东西"，那么这实际上是剪除了孩子在"上帝"阶段的"上帝"情结，孩子的强烈情感就会完全取决于物化的东西。他们感知到的父母往往是这样的：成绩好我就对你情感好，成绩不好就会把你打入十八层地狱。

这种孩子长大以后对父母会比较平淡、比较冷漠，甚至比较残酷。这其实就是内在小孩其中的一个特点——"上帝"。

但是，很多人会觉得难道不应该是父母是孩子的"上帝"吗，凭什么孩子是"上帝"？父母如果围着孩子转，会觉得自己受到了侮辱，会想自己不能把孩子当作"上帝"，应该对孩子有所要求，不能溺爱孩子、不能宠爱孩子。实际上这是误解。

孩子在很小时，他的内外世界是不分的，他的内心是有"上帝"情结的，"上帝"的这种感受是内在小孩的重要的特点。当然，他具有全能感，他能藐视周围的一切，拥有一个以自我为中心的意象。

孩子在特别小时，如果呈现出这种意象，可能会让父母比较反感。父母经常这么形容这些孩子，"我们的孩子比较自私""我们这孩子怎么不懂得孝顺""这个孩子真是一个烦人的孩子，让他的父母很累"。这些形容反过来反映了孩子内心中可能有很多委屈。

如果不是"上帝"般存在的孩子，他可能就是另外一个类型："恶魔"的意象。比如，一个经常生病的孩子或经常哭闹的孩子，经常把父母纠缠得睡不着觉的孩子，他就有可能有一个"恶魔"般的内在孩子。

并且，内在小孩会在这两种类型之间转换。

一方面，你能感受到孩子的内心里有某种天使般的东西。如果把他照顾得很好，那么他睡觉时会带着甜蜜的笑容，也很少生病，很愿意跟人接触。那么这个孩子的内在小孩——"上帝"的意象就形成了。另一方面，如果这个孩子经常哭闹，经常生病，违拗父母，孩子的内心里可能就有一个"恶魔"在肆意捣乱。这样的孩子就难以睡觉、吃饭，他对人的态度也是矛盾的，一方面他需要人拥抱、照顾，另一方面他可能会推开、踢打、撕咬照顾他的人。

在照顾孩子时，父母们就会看到孩子的这种两面性。

这个"恶魔"的内在小孩很可能会一直躲藏在人的内心里。我们在接触正常的成年人时，经常遇到这种情况：一个温文尔雅的人，一旦发起疯来简直会变成一个我们不认识的人，这就是他的"恶魔"的内在小孩出现的时候。

所以，对于特别小的孩子，在培养他的内在小孩时，我们要对此有所理解和选择。你是想培养一个天使、"上帝"般的内在小孩，还是想培养一个"恶魔""魔鬼"般的内在小孩？

第四节　分类·不同时期的他有哪些表现

▪　▪　▪　▪

本节概要：内在小孩的表现

● 0~1 个月内在小孩的主题："上帝"般的感受

● 2~6 个月内在小孩的主题：微笑与获得爱

● 6~10 个月内在小孩的主题：自恋与探索

不同时刻的内在小孩的表现有什么不同，以及不同阶段的内在小孩的表现是否不一样？回答这些问题需要把内在小孩分为不同的阶段和不同的表现。

我们知道，内在小孩会有不一样的表现。最早期的内在小孩，在刚出生的前 1 个月就形成了。

如果按照玛格丽特·马勒的分类，1 个月内自闭期，2~6 月为共生期，6~10 月为孵化期，10~16 月为实践期，16~24 月为回归期，24~36 月为客体恒定期。

之所以这样分类，与孩子的心理组织结构变化有关系。

正如上文所述，人类的孩子在出生时是不成熟的。

所以，0~1 个月的孩子的内在小孩需要"上帝"般的感

受。一方面，他要让自己强大、变成"上帝"，无所不能，而另一方面，他又无比软弱。

这个阶段的内在小孩，可以被认为是一个"上帝"般的孩子。如果在一个家庭里，孩子被当作太阳来供养，他就会有太阳的感觉，也就是众星拱月的感觉。

由于这个阶段他又特别虚弱、特别依赖周围的环境，**所以无所不能的"上帝"的另一面就是一个特别弱小、非常容易受到伤害、内心无比脆弱、经常处于崩溃状态的内在小孩**。这时，安全感和信任感就特别重要。

对于这个阶段的内在小孩，既然他需要"上帝"般的感受，我们就要为他营造"上帝"的气氛，让他躺在舒适的环境中，一睁开眼睛就有人对着他微笑；温暖而柔和的光线抚照着他，柔软的被褥包裹着他；他吃的东西既不太凉也不太烫，他排便了马上有人给他清洗。

反复体验这样的感受，他就会觉得自己真的无所不能，想要什么就有什么，而且似乎周围的人都围着他转，这就是"上帝"的感受。

内在小孩到底需不需要"上帝"般的感受呢？他是需要的。这样的感受能让他安静地休息，能帮助他缓解内心的恐慌。

"上帝"般的感受，能够让最早阶段的内在小孩顺利成型，帮助他逐渐对周围的环境和周围的人产生安全感和信任感。

3个月后，他就感觉自己开始能够识别周围的一些人，主要是妈妈。

这个阶段一个最主要的标志叫作3月的微笑。这是一个叫勒内·斯皮茨的美国人发现的一个很有意思的现象。他发现3个月大的孩子特别容易对外界微笑，所以把这个现象叫作"3月的微笑"。

我们常常说人笑得像婴儿一样，往往指的就是3个月大的婴儿。

弗洛伊德早年曾去参观达·芬奇的画作，当看到被世人传颂几百年的画像蒙娜丽莎时，他久久地停在画像前。

当时陪他参观的是他的学生费伦奇，弗洛伊德看着这个画像对费伦奇说："我终于明白这几百年来，为什么人们对蒙娜丽莎如此着迷，是因为她的微笑不是成年人的微笑，而是一个婴儿对母亲的微笑。"

弗洛伊德的这句话是有他的道理的。因为只有这类内容表现人类共性的以及人们有过的相同或类似的体验、经历的作品，才能引起更多人的共鸣。

3月的微笑为什么这么重要呢？因为在心理结构上，此时孩子开始对周围的环境感兴趣。

3个月后的婴儿对外界的笑就标志着他的内在小孩发生了

改变。如果说婴孩刚出生时，他的焦虑和恐惧全在于"我能不能活下来""这个世界能不能给我提供安全的环境"。**那么，在3月的微笑后，他的内在小孩就变得需要和人建立关系了。**他开始对人感兴趣，主要是对妈妈感兴趣。

微笑是一个主动社交的信号，是一个愿意跟他人建立关系的信号，这时，内在小孩的主题就是获得爱。

婴儿有几个社交方式：第一个是身体结构，第二个是哭泣，第三个是微笑。

从身体结构上来说，如果他的眼睛在整个脸上占的比例特别大，头在整个身体中占的比例特别大，我们一看就知道这是个小孩、婴儿。所以，身体结构也是婴儿的特殊社交方式。

婴儿的哭泣在社交中的作用是显而易见的，即表达其内心的不满。

婴儿的微笑是为了让别人对他微笑，以便两个人建立沟通。当别人对他微笑时，逐渐形成的意义是"我因为喜欢你才微笑"，这时，内在小孩就获得了爱的体验，他感受到自己是被爱的。

一般情况下，妈妈看到自己的孩子当然会笑，会很高兴。当妈妈笑时、高兴时，婴儿就会觉得自己是被欢迎的，是被喜欢的、被爱的。这时内在小孩就是以爱为主题的，感受被爱，从而生出爱的能力。

有的人如果从小遭受父母的抛弃，或者父母在养育她时总是斥责她，她就无法获得爱的能力。这样的人在生育后常常会出现产后抑郁症，板着脸，对孩子不耐烦。她的孩子也就无法从她那里获得爱的感受，也会因此发展出挫败的内在小孩。我们在后面还会探讨有创伤的和挫败的内在小孩。

在 2~6 个月时，孩子通常和妈妈紧密地生活在一起，这一时期叫作共生期。

在这一时期，孩子如果能够经常看到妈妈的微笑，自己也经常露出微笑，是个爱笑的孩子，就意味着他愿意跟人建立关系，尤其是跟妈妈建立关系，并且是建立爱和被爱的关系。

这时，如果内在小孩充满了爱的感觉，那么这个孩子的特点就是特别爱笑，哭的时候不多，受了委屈也很容易被哄好。这种孩子也很容易养育，睡得好、吃得好、很少生病，因为他的内心充满了爱。在现实中，他的妈妈也给了他无微不至的爱护，所以他的身体也比较健康，发育情况也会比较好。

美国曾做过一个比较重要的婴儿观察实验，实验中的一个孕妇犯了罪，因为她怀着孕，政府允许她在生下孩子 6 个月后再服刑。所以这个实验恰好可以把只能被母亲照顾 6 个月的孩子和一直有母亲照顾的孩子进行比较。

在这个孩子 6 个月大时，也就是在妈妈离开之前，这个孩子的发育情况和其他孩子一样良好。但在这位妈妈离开后，这个孩子的发育情况就明显从 6 个月的大小退到了 3 个月的大小。

具体表现就是，他动得少了，吃得也少了，体重也不增加了，动作也变得特别迟钝。

到了出生后 9 个月时，另外一个有妈妈照顾的孩子已经长大了很多，动作也越来越利索，笑容也特别多，还不容易生病；而这个妈妈离开了的孩子，到 9 个月时却只有 3 个月时的重量，而且动作和反应都比较迟钝。

从中可以看到爱是多么重要，妈妈的陪伴是多么重要。妈妈实实在在的陪伴能够让孩子逐渐地内化他的母亲，内化他的内在小孩。他的内在小孩就会总有这样一种感觉：母亲是爱我的、母亲不会离开我，她是和我在一起的。在这种状态下成长的内在小孩当然就是充满爱的。

继续往后发展，内在小孩还会有所改变。玛格丽特·马勒曾说，**孩子和父母第一次真正从心理上分开是在出生后 6 个月。**

因为 6 个月后，孩子的肌肉开始发展，他会爬了，可以爬到周围玩。这时就开始出现自体，就是他觉得自己能离开母亲，能去做自己想做的事情了。

6 个月时，孩子开始形成自恋的自我，这时的内在小孩又出现了一种类似于"上帝"的感觉。

这个时期的孩子认为他可以不再依赖母亲，并开始探索外界各种各样的事物。他什么东西都抓，抓住什么都送到嘴里尝一尝。他爬来爬去、抓来抓去，于是肌肉出现明显增加，他的胳膊、腿、肩、背都开始变得强壮有力。相应地，这个时期的内在小孩也是多动的。

以前，孩子都是先会爬后会走的，但是现在有一部分孩子从来都没有学会爬。可能是因为现在有了学步车，所以这些孩子从躺着的阶段直接被拎到学步车上，跨越了爬的过程。这其实有点儿像拔苗助长。因为，对于内在小孩而言，孩子的内在感受和他的身体发育是需要匹配的——我的身体发育到什么阶段，我的感受就是什么阶段。

孩子在爬行时所看见的、触摸到的、感知到的和直立行走时的体验是不一样的，你必须让他经历这个阶段。这时的内在小孩充满对外界的好奇、乐于探索。在这个过程中，他不仅能得到掌控和自我控制的感觉，还能得到界限的感觉。我能爬多远？我能离开妈妈多远？我自己是不是能够掌控？所以，婴儿的爬行活动具有很大的意义。如果他跨越了这一阶段，那他就可能失去探索的好奇心，缺失一些体验，这会使他的内在感受不完整。

第 2 章

疗愈・照顾我的内在小孩

第一节　探寻·内在小孩是如何受伤的

■　■　■　■

本节概要：受伤的内在小孩

- 健康的内在小孩的特点
  - 有好的品质
  - 能够耐受挫折
- 受伤原因公式：在任何阶段没有满足内在小孩的需求，内在小孩都可能受伤
- 受伤后的表现：固着"上帝"意象
- 形成过程解读：早期受到不恰当、不稳定、不持续的对待

上文介绍了内在小孩的形成，以及在不同阶段的不同特征。这一节我们将探讨内在小孩是如何受伤的。

比如，一个孩子从小沐浴在父母的关爱之下，周围的人对他比较和善，环境也比较友好，这是很多"80 后""90 后"独生子女的感受，爷爷奶奶、外公外婆、父母都用尽全力对他好，那么他就能形成对这个世界的安全感和信任感。事实并非像老一辈人认为的那样：他们因为接受了太多的宠爱而对周围

的环境恃宠而骄，看不起周围的人，高高在上。

特别是早期的来自父母的爱和无条件满足孩子的要求能帮助孩子形成有安全感的内在小孩。这样，他会对周围的环境特别信任，对周围的人也特别热情和友好，充满自信。跟这种人接触时，你也会觉得充满正能量。这种人的内在小孩既勇敢又热情，既大方又单纯，为人坦坦荡荡。当真正的人格形成后，他会让人如沐春风。也就是说，跟他在一起时，你会感觉他从不做作，一言一行都非常自然。**这就说明他拥有健康的内在小孩**。

挫折并不一定导致内在小孩受到创伤。比如，一个内在小孩在扮演过早期"上帝"这种角色后，就开始与现实接触。那么这个内在小孩就有可能耐受挫折，并且能认识到："哦，父母有时发火并不等于他们对我就不好"，所以他就可以接受父母的不完美。事实上，他也逐渐接受了现实和自己的想象不一样的事实。

这种内在孩子就能够耐受挫折。比如，偶尔考得不好，别人做的事偶尔不符合自己的愿望，跟别人在一起玩时，别人占点小便宜……他不仅可以耐受，而且还可以比较宽容。这种人当然就会受人欢迎。

但是，在受挫后，内在小孩也有可能发展出另外一面——"恶魔"。它到底是不是内在小孩的一个特征呢？有创伤的内在小孩当然有"恶魔"的一面，就像每个人的人性都有阴暗的一面。

比如，嫉妒。一个内在小孩如果嫉妒心很强，就可能会想破坏别人所拥有的一切，认为"只要我自己没有，你也不能有"，最后害人害己。

正常、健康的内在小孩也会有嫉妒感，只不过他能把这种嫉妒感克制在一定程度内，在这个程度内，嫉妒感表现出来的是羡慕。

那么，嫉妒和羡慕有什么差别呢？嫉妒表现出来的是，"如果我没有，我也不让你有，如果你有，我一定要破坏你"；而羡慕表现为，"你有的东西我没有，也许我以后通过努力也可以有，可是现在，因为你有而我没有，所以我特别羡慕你，我也可以赞美你"，这才是健康的内在小孩的表现。

但是，如果在环境特别恶劣时，他也会向有创伤的内在小孩的方向发展，这就构成了我们后续的话题——内在小孩是怎么受伤的。

简单地说，**在形成的各个阶段，如果内在小孩的需求没有得到及时满足，他就可能受伤。**

比如，最早期的"上帝"般的内在小孩，因为要活下来，所以呈现出一个"上帝"般的形象，要求周围的人全心服侍他。这时，如果父母对他足够好，使他产生了安全感，他表达需求时就没有那么急迫，他就会变成一个有耐性，能接受挫折，并且能够原谅别人、宽容别人的内在小孩。

但是，如果周围的环境特别恶劣，他可能就会把"上帝"般的内在小孩保持下去。现实中的这个孩子就会表现得对人颐指气使，说话口无遮拦，这正是具有"上帝"情结的内在小孩的外在表现。

如果现实中的孩子有这种表现，我们可以认为这是一种正常的心理。但是我们会发现，在成年人当中也有不少这样虚张声势的人。有一些各方面都不具优势的人，但他们的姿态却好像自己大权在握，是一个"上帝"似的人。

这种人的内在小孩其实是一个弱小的、自卑的、怕被别人瞧不起的孩子。所以他必须为自己制造出一个特别大的阵势来压倒别人，这就是一个有创伤的内在小孩的表现。

那么，有创伤的内在小孩是怎么形成的？

早期不当的环境和父母不当的养育方式可能会让孩子形成有创伤的内在小孩。

在各种不当的养育方式中，首当其冲的就是疏离。如果父母不太理孩子，这个孩子就会感觉到危险，因为父母不讲话、不陪伴，又不抚摸，他就无法摆脱"我活不活得下来"这个疑惧。

其次是太强烈的刺激。有很多父母亲可能因为种种原因对孩子不满，比如，他们想要男孩，生的却是个女孩；或者想生一个健康的孩子，但这个孩子有点儿残障；又或者父母想离婚，却因为孩子不能离……在这样的亲子关系中，孩子就常常不能从父母那里获得足够的关爱，相反，他常常会感受到来自父母的敌意，甚至是语言上或身体上的暴力。

除此之外，成长环境也可能存在不当，例如哥哥姐姐态度恶劣等。经常有这样的情况，母亲因为全心照顾新生儿而忽略了稍微大几岁的哥哥姐姐。哥哥姐姐感觉被母亲冷落了，就可能偷偷掐弟弟或妹妹。

总而言之，周围的环境对个人的生存特别不利时，他也容易形成一个有创伤的内在小孩，把自己的内在小孩臆想成无所不能的神力的形象。

你可以看到《蜘蛛侠》《钢铁侠》里的主角，都具有一个特点，无论怎么打都打不死。这种内在小孩的艺术形象也常常出现在中国文学作品中，例如孙悟空。孙悟空的身体可以任意变幻形象，可以变大，可以变小，可以变成山石草木，他还有金刚不坏之身，无论是被放在炼丹炉里烧，还是被砍头劈身，被压在大山底下，他都不会死。这就是一个内在小孩的表现，只是这个内在小孩具有极强的魔力。

如果一个内在小孩需要这么大的魔力来生存，那么外在的环境该多么的糟糕啊。从某种意义上来说，一些神话、童话或魔幻文学作品所创造的艺术形象大都是历经种种磨难，最终战败恶势力，过上平静安稳的生活的，这其实都隐喻了一个内在小孩成长的过程。

上文提到的不当之处，主要是对孩子照顾和爱护不足，没有及时满足孩子的需求。除此之外，还有一种情况，就是现代人常有的现象：父母爱子之心太切、太强烈，给予孩子太多的关注。这种爱往往使父母给孩子的东西不是孩子需要的。

对于哪种养育方式是不恰当的，哪种养育方式是恰当的，我们可以从下面这个例子中体会。

两三岁的孩子在沙坑旁边爬楼梯。我们可以看到 3 种类型的母亲的不同反应。

第一种类型的母亲，看到孩子爬楼梯，马上过去把孩子抱走，说这个太危险，你不能爬。这个母亲会紧紧盯着孩子的一言一行，不让孩子越雷池半步，这是过度敏感的母亲。

第二种类型的母亲，她的孩子已经都快爬到顶了，要摔下来了，她还在旁边跟别人聊天，根本没有注意到孩子的情况，这就是特别疏远的母亲。这种孩子可能会外伤不断，他的内在小孩体验到的就是过于自由，没有管束，但是经常因此受到身体伤害，各种摔伤、骨折。

第三种类型的母亲，看到孩子在往上爬时，她边跟别人讲话，边用余光看着孩子。当孩子爬到一定的高度时，她就过去扶着孩子，并且鼓励孩子继续往上爬。这种方式就是恰当的养育方式。

恰当的养育方式是避免孩子形成有创伤的内在小孩最重要的环节，除此之外，还需要保持养育方式的稳定和持续。

稳定的意思就是，母亲要经常出现在孩子面前，并且和孩子有固定的仪式。早上几点起床，先做什么后做什么，然后晚上几点钟睡觉，睡觉前要讲故事，要亲一下……

稳定对于孩子的成长是特别重要的，尽量不要让孩子频繁变换生活环境。比如，今天把孩子送到奶奶家，明天又把孩子送其他人家，或者在孩子幼年时不断搬家，不断变换生活的城市，这些都是不稳定因素。

同时，对孩子的态度和抚养方式要有持续性，比如，你夸孩子要发自内心、比较持续，不能因为他成绩不好，就不夸他了。

综上，恰当、稳定和持续是对孩子的内在小孩的形成非常重要的 3 个因素。如果这 3 个因素有缺失，就容易形成创伤的内在小孩。

第二节　爱·缺乏爱的伤痛感

■　　■　　■　　■

本节概要：缺乏爱的内在小孩

- 缺爱意象：贪婪的"恶魔"、饥饿的内在小孩
- 具体表现 1：强烈的占有欲
  - 占有食物，喜欢吃东西，追求厨艺
  - 占有物品，具有收藏癖、储存癖等
- 具体表现 2：病理性嫉妒
  - 嫉妒特定意象的人
  - 泛化，嫉妒所有人

缺乏爱的内在小孩可能内心是一个非常贪婪的"恶魔"，可能对于很多东西都有强烈的占有欲。

比如，一个大型企业的领导者已经 55 岁了，但是他的家人对他特别不满意。部分原因是他做的饭不好吃，还有 3 个特点：黑乎乎、咸乎乎、黏糊糊。

他出身农村，以前家里很穷，家人在缺菜时，就会做一些咸的食物，把酱油和饭搅在一起，因为加了酱油，肯定是黑乎乎的；缺少粮食时，可能就用饭，甚至是糙米，把饭菜拌在一

起，所以肯定是咸乎乎的；如果做法不讲究，饭菜肯定就粘在一起，反正大家能够吃下去就行。

他倾诉说："小时候，在我 3 岁时，我的妈妈就去世了，生活很艰苦。我爸爸很快就给我找了后妈，然后要我自己出去讨饭，那时真的是要出去讨饭才能活下来。"

这位领导者的孩子对他也有一个描述："我爸爸那么大的一个领导在街上走路的时候，双手是不能空着的，他不拎公文包，但是他手上一定要握着东西，尤其是吃的东西。他主要喜欢吃肉，一只手要拿着肉，比如羊肉串，一只手要拿着汉堡。"

这段话就生动地表现出一个饥饿的内在小孩的形象。他的一双手上要有食物，这是一种要占有的表现。

这跟爱有什么关系？母亲跟孩子早年的关系，除了喂养关系以外，更重要的是爱的关系。母乳喂养，强调的不是乳，其实强调的是母亲。

因此，在心理学上，我们强调母乳喂养是为了让孩子体会到母亲的爱。"我可以吃到东西""我可以尝到乳汁，我可以挨到乳头""我口中要有东西"。如果口中没有东西，这个内在小孩缺的不仅是能吃的食物，更主要的是缺乏母亲的爱。

关于这一点，现实生活中有一个很有意思的现象。一个男性热爱制作美食，最后变成了一个著名的厨师，看着别人吃他做的饭菜，或者夸他做得很好时，他心里会非常满足。

有人会很奇怪，为什么一个男的能够把饭菜做得这么好？为什么他调的味道会这么好？那是因为在做饭菜时，他都会亲自品尝，这其实就跟爱的缺乏有关。

曾经有一位母亲告诉我，她的女儿去美国学习金融经济，成绩非常好。

可是，毕业之后，在摩根士丹利工作一段时间后，她很快就辞职、消失了。她去了国外的一家米其林餐厅当学徒。

在那里学习了两年之后，她再次回到纽约，并请妈妈到一家餐厅吃饭。她妈妈这次可知道她女儿的厉害了。点菜之后，她仅仅通过品尝这些饭菜，就能清楚地知道这个菜里面加了什么东西，用了什么火候，有怎样的制作流程，为什么味道是这样的，这些味道来自什么佐料……她把来龙去脉分析得清清楚楚。

可以把食物进入口中之前的所有过程细节了解得如此清楚的人，在婴儿时期等待母亲喂奶的过程中，她心里该是有多么恐惧和期待。

果然，这位妈妈承认："我在女儿早年时，夫妻关系不是特别好，所以我可能忽略了她。"

缺乏爱的孩子有一个表现形式就是贪婪，他是个饥饿的孩子。

我们还可以将饥饿这个意象延伸为一个人，他想去爱时，就特别贪婪，什么东西都想占有。

按照弗洛伊德的人格发展理论，孩子在出生后的第一年时处于口欲期。在这个时期，婴儿的头号需求就是吃东西，他对所有事物的感觉都是通过嘴来感知的。"口中有物，心里不慌"，就是口欲期的表现。

当嘴里含着妈妈的乳头，甚至是安慰奶嘴时，他就感觉自己是安全的，是获得了爱的。所以口中有物的这种感觉就象征性地演变成他缺乏爱时的占有欲，也就是"我要占有这些东西"。

而这种占有欲望还会有多种表现。

首先，他可以买很多东西。

比如，一名四十多岁的女性说，她小时候缺乏父爱。缺乏爱不仅指缺乏母爱，缺乏父爱也一样是缺爱。她出去买东西，一次要买四条以上的裤子，而且一定要买。价格可以不是很高，但东西一定要多，她要能够抱回去。

她还有储存癖，看到什么东西，都忍不住要把它带回去。比如，在路上捡到一个塑料袋或者盒子，只有带回家，她心里才舒服。

她家里并不需要这些东西，她得偷偷把从外面捡回来的那些东西放在储存室里，不能让伴侣看见。

这就是收藏癖、储存癖的特征，就是要拼命地去占有，看到一个东西就一定要占有，如果不占有心里就像猫抓一样不能安宁。

所以，贪婪不仅表现在吃上，还可能表现在对物质的占有上。

大家都知道，有些女性对包的占有欲也比较强，有的包可以贵到十几万元，但即使没有那么多钱，她也可能想要买。

其实，这很可能因为她在成长中心理上存在缺失，所以她要用包包这种特定的物质来弥补内心缺失的感觉。

得到这个具有心理补偿性的物品后，她可能会得到暂时的满足感，但过一段时间后，这种满足感就会消失，缺乏感又会回来，周而复始。

缺爱的内在小孩的另一个典型表现就是病理性的嫉妒。他特别容易嫉妒，因为他所缺乏的爱不仅由于母亲的缺位。

母亲缺位的情况不仅限于小时候没有母亲照顾，也包括情感忽视。

比如，有一个学员告诉我说，她已经50多岁了。她的父母生了3个女儿。父母在病重去世前就决定把财产都分给她们。

这本来是件好事，可是父亲说了一句话，又让她气了半天。他说："你们要知道，我是因为没有儿子，才把财产分给你们的，要是有儿子，这些东西跟你们都没关系。"父母也咽不下没有儿子的这口气，所以他们把东西分给孩子也是心不甘情不愿的。虽然她岁数已经很大了，父母都已行将就木，**可是她内心的内在小孩的病理性嫉妒依旧表现强烈。**

第一，表现在对男性的敌意上。如果父母的爱都给了男性，那女性的表现就是对男性存有敌意，当然首当其冲的是她的兄弟。

第二，对有兄弟意象的人抱有敌意。比如，她在工作中，总是呵斥年轻的男性下属，觉得他们"总是不好"。在与同事的关系中，她呈现出的对他人的敌意，其实是对男性的敌意。**如果是在重男轻女的家庭中，嫉妒就表现为对男性的敌意，但是也有可能表现为对任何其他人的嫉妒。**

因为嫉妒的表现就是，"我要是得不到，我也绝对不让你得到，我是绝对不让你好受的"，所以他会表现得特别具有攻击性。

你可以注意，在你的单位中有没有这样的同事：所有的事情他都出风头，他都要抢在前面，所有的好处他全部都要争先；但是别人要得到好处时，他是不认可的，他一定要在背后说别人的坏话。这种人就具有类似于变态的嫉妒心理，见不得别人好。这样的人，往往也不会有良好的人际关系。

缺乏爱的内在孩子，不是以一个特别贪婪的形象出现，就是以嫉妒的、有攻击性的，甚至是毁灭性的形象出现。

所以这个世界上如果真的有什么东西能够让人变得比较温和，变得比较友好、友善，变得单纯而没有什么心机，那就是小时候父母给孩子的足够的爱。

第三节 陪伴·缺乏陪伴的孤独感

■　■　■　■

本节概要：缺乏陪伴的内在小孩

- 陪伴：有人在的感觉

  ○ 过渡性客体：例如钟爱的玩具等

  ○ 环境母亲：包括方言、食物、习俗等文化现象

  ○ 镜映过程：父母真实的陪伴、互动

- 缺少陪伴的创伤表现

  ○ 黏滞型依恋关系：特别黏人、分离焦虑、皮肤饥渴症

  ○ 害怕型依恋关系：特别"作"、心里渴望关系、行为破坏关系

缺乏陪伴的孩子形成了一个很典型的社会群体——留守儿童。有的人说，留守儿童不是有爷爷奶奶陪伴吗？所以我们就要明确，陪伴是什么意思。

首先，陪伴是一个有人在的感觉。所以，爷爷奶奶在的这种感觉、陪伴，他应该是不缺的。因为有人气，有人的声音、讲话的声音即可。

温尼科特介绍过一个概念，叫作过渡现象，就是说孩子在

内心形成某种思维，产生某种情感的过程中，是需要有人陪伴的，是需要进行转化的。

在这个过程中，玩玩具也是一种陪伴方式，所以孩子往往喜欢将一个玩具抱在怀里。

我们可以将他特别钟爱的玩具称为过渡性客体。除了这种过渡性客体，孩子成长的环境也很重要，这里所说的环境是包括方言、食物、习俗等文化现象在内的所有客观因素，也就是"环境母亲"。如果在幼年频繁搬家，就会破坏孩子在内在小孩形成的关键时期的环境母亲的稳定性。

我最常举的例子就是，汶川地震后，政府要给几百名孤儿安排归宿。外省有一家钢厂表示愿意接收他们，可是当地政府还是决定把这些孩子留在当地。

我觉得这个决定特别好。孩子们已经失去了父亲母亲，如果再把他们送到饮食习惯和当地差别很大的外省，他们就彻底失去了他们的环境母亲。

如果他们留下来，虽然没有父亲母亲，但至少他们成长环境中的饮食习惯、饭菜味道、讲话口音及其他文化等都没有太大改变。

所以，我觉得这个决定是一个特别以人为本的决定，因为孩子需要在一个熟悉的环境中成长。熟悉的环境包括身边的人和事物，还有当地的文化。文化、环境，也是一种陪伴。

接下来我们要探讨的是母亲本人，是否真的在陪伴孩子。

因为当有母亲的陪伴时，孩子在跟母亲互动的过程中会逐渐将母亲作为一面镜子，从中看见自己。

这就是某些心理学家提到的**镜映过程**。科胡特认为，人是自恋的，但是自恋的过程需要将另外一个人作为镜子，在这个镜子里看见自己后，就形成了自我。

有一次，我在一个豪华宾馆的电梯里，电梯的内壁是用纯铜做的。一个妈妈抱着一个大概不到 1 岁的孩子进了电梯，紧跟着又上来一个身材很高的男性，挤在了孩子的妈妈和电梯的墙壁之间。然后他就说，不要让孩子盯着镜子看，孩子太小，怕吓着、做噩梦。在中国有很多地方都有这种说法，不要让孩子尤其是很小的孩子照镜子。

这个现象很有意思，因为猴子、猩猩对着镜子时，能够看出镜子里的形象是自己。但是，鹅、鸭子，甚至是狗、猫，看到镜子里的东西后，就会攻击，说明它们没有认出镜子里的形象是自己。

比如，中国文化讲究镜子不要正对着床。这在某些程度上是有道理的。晚上起来时你往往还没有完全清醒，此时突然发现有一个人影，可能会把你吓得半死，其实只是你自己在镜子里的人影。

成年人尚且如此，心智还没有成熟的婴幼儿更可能会被镜子里的影子吓住。要让孩子看见自己又不会被吓到，这就需要**母亲在场**。

有很多家庭的父母去外地打工，把孩子留在老家让爷爷奶奶照看。这些孩子内心对父母的呼唤其实是特别强烈的。

有一次讨论时，有几个学员说自己的父母总是打自己，特别残暴。有一个人在旁边半天没作声，最后冷冷地说："我真是觉得你们身在福中不知福。"他说，"我从小到大基本上很少和父母见面，他们在外地打工，还在外面生了弟弟。他们偶尔回来，回来后也很少看我，只忙他们自己的事。那时我多么渴望他们多关注我一点儿，哪怕多打我几下呢。"这就是内在缺乏陪伴的孩子。

那么这种内在缺乏陪伴的孩子，他的内在小孩有怎样的表现呢？

第一个表现是特别黏滞。在成年人的依恋关系中，有一种人表现得特别黏人，天天要黏着你。我举个简单的例子，有这样一对年轻的夫妻，妻子随时要对丈夫"查房"。一般来说，夫妻之间也应该有各自的隐私。可是这位女士跟她丈夫之间有一个不成文的协议，只要妻子拨通电话，说两个字"查房"，丈夫就必须把他的电话视频打开，在不影响周围的人的情况下，转一圈给他的老婆看，要让妻子看到他现在在做什么。如果他正在开会，妻子就会要求他按下语音键——你不是在开会吗？那我听一下你是不是在开会。

这显示了两个人的内在关系基本上是融合的关系，就是我可以到你内心去探索，这就是融合。

融合的象征应该只是在妈妈和孩子早期时才会有。在子宫的羊水里，他和妈妈是一体的；出生以后的前几个月，孩子既不能跑，也不能爬，只能靠妈妈抱着。

所以，孩子的心理是这样的：我希望天天跟妈妈黏在一起，我希望随时能闻到妈妈，能摸到妈妈。

如果晚上一觉醒来，妈妈不见了，这个孩子就害怕了，他没有安全感，就会哭闹，必须有人抱着他才行。

这种高度黏附的婴儿非常担心妈妈的离开。我们把**这种心理特征叫作分离焦虑**。特别强烈的分离焦虑，表现在成年人身上就是她每天都要看到对方，对方的一举一动她都要有所了解。

第二个表现是内在小孩特别害怕分离。有这种内在小孩的成年人还表现为恋家。比如一些二三线城市的孩子高考成绩本来很好，但是他绝不选外地的大学，宁可在自己家所在的城市读一个差得多的大学。

而内在小孩特别害怕分离的老年人则表现为对孩子的依赖，如果他们买房子，也首先考虑和孩子住在同一个小区里。

当然，传统的大家庭模式已经被独立的小家庭模式所代替。所以这种选择同一个小区居住的方式不失为一种折中，既能彼此独立，又有大家庭互相照顾的便利。

除此之外，**第三个表现是对皮肤接触的渴求。**因为母亲的早期陪伴往往是拥抱和抚摸，所以有的人会有特别强烈的皮肤饥渴，比如一定要和爱人抱在一起睡觉，枕着老公的手臂。

还有些表现可能会体现在生理上，比如起疹子。皮肤缺少抚摸，就会敏感，经常患皮肤病。

上述这种类型的依恋关系，被称为黏滞依恋关系。

内在小孩缺乏陪伴的另外一种类型的表现，就是特别"作"。其实这也是依恋人格的一种，这类人其实非常希望跟人在一起，但他不直接表达这种愿望，而是总想以各种不合情理的言行举止引起对方注意，像一个孩子一样，用这种方式表达"我想你陪我，我想跟你在一起"。可最后的结果往往是把关系破坏掉。

她内心是渴望更亲密的关系的，可是在表面上做的事情却是要把关系破坏掉。比如，她常常对伴侣说："你是不是在想别人呢？你每天跟我在一起，是不是很无聊啊？我就知道你不怀好意，我就知道你三心二意，你那么不喜欢跟我在一起，怎么现在就不离开我呢？"

你看，恋人之间以这种模式相处，其结局大多是吵架和分手。

这种类型的**依恋关系**，被称为**害怕型的依恋关系**。害怕型的意思就是，**害怕早年没有陪伴的经历再一次发生在自己身上，所以他内心非常渴望陪伴。可是在现实中，这种害怕却扭曲了他的行为，使他做出的决定和行为反而导致了关系的崩解。**

在现实中，谈过很多次恋爱的人不能说他不用真情，他很想用真情。但他总是谈一个吹一个，因为他的内在小孩总在担心甚至确信这段关系不会持久。

早年缺乏父母陪伴的经历会内化在心里，在成年后处理现实关系中，他会认为没有一段关系是值得信任的。他会认为，"我现在得到的亲密关系迟早都会被分离，所以我先主动把它分离掉"。

第四节 夸奖·缺乏夸奖的自卑感

■ ■ ■ ■

本节概要：缺乏夸奖的内在小孩

- 缺乏夸奖的内在小孩的外在表现

  ○ 自我中心式、病理式求夸奖

  ○ 贬低他人、人际关系糟糕、缺乏共情能力

  ○ 自卑与自我感觉特别良好

- 缺乏夸奖的内在小孩的形成原因

  ○ 小时候被父母过分贬低

  ○ 对父母的道德防御，形成"我不好"的信念

  ○ 自卑的内在小孩与无所不能的内在小孩

求夸的孩子，可能内心是特别自卑的。所以，他在内心中特别渴望得到他人的夸奖、称赞，他选择性地注意那些他被夸奖过的词。

比如，我记得特别清楚，在 20 年前的一天，我穿着白色的丝光袜子，有一个平时跟我关系一般的同学，他说："哎，你今天穿的丝光袜子不错，白色的。"我没回应他，当时我感

到他很失望。后来我回想起来，他平时跟别人聊天总有一个中心，就是要引导别人夸他。所以我就明白了，其实他的目的不是夸我的丝光袜子好看，而是希望我去注意他，看看他穿的衣服，或者是他穿的袜子。

这种自卑的内在小孩有一个特点，就是求夸奖。每当这种人讲到一件事情时，他会转几道弯，最后一定要转到自己身上来、让别人夸自己。

再举个例子，我以前的一个同事，有一次他的论文被某学术大会录用了。在学术领域，如果你的论文被大会采用，有以下四种形式。

第一种是请你做大会的主题发言人，我们称为 Keynote Speech，在大会开始的第一天上午，你要做讲演。第二种是给你安排的大会发言时间比较长，发言通常安排在第一天下午。如果大会一般的发言是 10 多分钟，那么你作为大会的主题发言人就会被安排 30~40 分钟的发言时间。第三种是被录用的论文会被放在大会的会议手册里，大家可以看到作者、作者单位、论文及收录情况。第四种是你的大会的发言会被张贴在会场外的板报上。

这位同事已经在国外待了一些年，在国外拿到了博士学位。

多年以后再见到他，有人问他在国外混得怎么样，他就很自豪地说"你看，我在国外某大会上的论文发言"，他还会单独拿出照片给我们看。

像这种很多年没见的同事聚在一起，一般是谈国内现在的情况，但是他一谈就要转到国外的情况，国外的大会有多少人参加，国外的大会怎样，他的论文如何……也就是说，最后他的落脚点都在"我"上。

实际上，我们在他展示的照片中看到他的论文是以板报的形式呈现的，我们就知道他在国外并没有成为业内翘楚。

求夸奖成瘾的特点就是对被人夸奖有某种病理性的嗜好，甚至有时他的求夸奖是不合时宜的，而且是以自我为中心的。

不合时宜就是别人在讲其他的话题时，他一定要扯到这个话题上来。

以自我为中心的就是，别人敷衍一下，说一句"哎，你这个做得还不错"，然后就转移话题了，他还要把这个话题转回来，就是他特别喜欢谈论以他为主题的、以他的功劳为主题的事。

跟这种人接触多了你会发现，他虽然表面上经常夸赞别人，其实他对周边的人并不感兴趣，他先夸赞别人，目的还是要把注意力引到自己身上，希望得到别人的夸赞。

比如，当你跟一个人谈话时，他在贬别人，他在说别人的坏话，同时他在夸你好，而实际上，他夸你好也不是想夸你好，最后的落脚点一定要落到自己身上——你看我最近做了一件什么事……或者他在等待那一刻，等待着你把注意力放到他的身上，说"你做得很不错哦，你也……"这时他会两眼放光——你终于明白了他的意思，他终于达到了自己的目的，你终于开始讲他了。这时你会发现，他的闸门就打开了，滔滔不绝地讲他的事情，可能是一件很小的事、很不起眼的事，或一件不值得吹捧的事，他却吹嘘得很大。

当然，他会把他的一些不好的东西掩饰掉，然后他会尽量突出自己做的事、自己的功劳或他的某些伟大之处。可是内行人一看就知道这个事不值一提。所以，久而久之，很多人就很讨厌跟这类人在一起。

自卑的内在小孩，除了求夸奖外，还有一个特点就是让周围的人感觉被贬低。因此，你就会觉得不舒服。有时候我们会觉得，这种被贬低的感觉可能正是他自己经常会有的感觉。所以，如果跟这种人在一起，你可能会陷入和他一起去说别人坏话的陷阱中。最后，你给他当了捧哏，当了听众，听他吹嘘自己。

在这种情况下，很多人的感受就是"啊，又来了"，甚至有的人会直接离开。可是，你会发现，别人直接离开，或不听他讲，或转移话题，并没有给他造成多大的影响，他会继续找另外一堆人再说。

这种自大的表现是一种忽略周围人情绪的表现，所以他的人际关系就不会好。表面看起来他可能很坚强，他不怕别人对他的评判，也不怕别人对他的疏远。**其实这在人际关系中是最糟糕的，因为他没有共情能力。在一个情境之下，我能够知道别人是怎么想的，并且我能够让别人知道我是怎么想的，这就是高度的共情能力。**

共情能力在有些人际关系规则中能够体现出来，比如讲话，在讲话过程中适当地停顿一下，看着别人的眼睛，给别人表达看法的机会，一来一往的这种讲话，就比较能够发挥出共情能力。

缺乏共情能力的人，可能是因为在婴儿期，哭一晚上也没有得到妈妈的回应，被关注的需求没有得到满足，从而形成了自卑的内在小孩。

这种人虽然特别渴望得到夸奖，可是他总是得不到。虽然他总是夸自己，但是他的目的并不是让别人知道他有多厉害，而是希望得到别人的认可。他这种自夸往往会适得其反，不仅得不到别人的认可，反而惹人厌烦，所以在本质上，并不能改变他的自卑。

这种求夸奖的内在小孩是怎么来的呢？

根源是在孩子成长的过程中，父母很少给予他夸奖，甚至

经常训斥和贬低这个孩子。

有的很漂亮的女孩子却从小就认为自己不漂亮，就是因为母亲总是说她各种不好，贬低她。所以母亲的态度是很重要的。有人提倡不要溺爱孩子，或者不要过度夸奖孩子，但是实际上孩子在小时候是需要被鼓励和夸奖的。

有的孩子长大以后说："父母夸我的话，都是我从他们的同事那里听来的，他们在他们的同事面前夸我，但从来不在我面前夸我。"

如果孩子考了全班第一名，他们说："你现在得意什么呢？你在年级排第几呢？"如果你考了年级第一，他们又说："那你在全省排第几呢？"总之，这个孩子永远觉得自己达不到父母的要求。

反过来看，这其实反映了父母内心也存在一个不满足的内在小孩，因而他们可能会嫉妒自己的孩子。父母如果嫉妒孩子就会贬损孩子，有意或无意地不满足孩子的要求，看着孩子哭，或者打孩子时，还会产生莫名的欣快。

这样做的后果是什么？如果你不肯夸孩子，不给他营造一个特别友善的环境，那么这个孩子就会自卑。

孩子都有一种心理防御机制，叫作**孩子对父母的道德防御**。也就是说，父母不管对孩子做了多么坏的事，孩子在内心中都是这样想的：不是父母亲做错了什么，而是我长得不够好，我做得不够好。这个孩子久而久之就会认为**自己不好**，在这样的情况下，他就会处于一个特别自卑的状态。这种孩子长大以后可能就是个被霸凌的对象，他从来不相信自己有能力。**在这种条件下形成的内在小孩是自卑的**。

不过，上文提及的求夸奖的孩子，除了自卑之外，也会反向形成另外一种内在小孩——**无所不能的内在孩子**，就是"我是最美的，我是最漂亮的，我是最有能力的"。这是过度的自卑使他的内心幻化出的一种"超能力"，以弥补在现实中的受挫感。

我们在有情感障碍的躁狂的病人中可以见到这种情况。

有时我们去躁狂病房，老师告诉我们，如果早上到病房看到地面被打扫干净了，还听到歌声，就知道这个病房里住进了新的病人，因为一般的病人情绪控制下来后，就会比较安静。而新来的躁狂病人往往哼着歌，心情非常愉快，觉得自己能够搞定一切，精神又好，不用睡觉。他每天早上都很早起来打扫，把屋子里里外外打扫一遍。当然，清洁质量还是有问题的。他非常浮夸地拿拖把拖着、扫把扫着，但是你可以看到，他好像已经干了几个小时，而且从来不疲倦。

在周星驰导演的电影《新喜剧之王》中，王宝强饰演了一个角色。他绝对不会找特别漂亮的助理，一定要找一个长得丑的助理，让助理在旁边，每次开道都拍巴掌："啊，我们著名的王老师来了，大家拍巴掌！"

这就是求夸奖的人的一个表现，以自我为中心，对他人漠不关心，所有的注意力都集中在如何夸自己上；同时他可能还会说别人的坏话，最终这个坏话也可能会落在你的身上。所以对这种人你最好敬而远之。

第五节 玩耍 · 缺乏玩耍的紧张感

■ ■ ■ ■

本节概要：缺乏玩耍的内在小孩

- 缺乏玩耍的表现与影响

    - 思想停留在理智层面、缺少情感、只有简单情感

    - 难以理解人际互动中的言外之意，人际关系糟糕

    - 复杂情感负面化

- 玩耍的功能与价值

    - 婴儿心智化功能发展

    - 从伪装模式中获得复杂情感体验

    - 培育较大的心理空间

- 心理空间的意义

    - 形成妥协、抗顿挫、反思能力

    - 发展创造力

如果在孩子小的时候，父母要求孩子这个不能动、那个不能动，要当一个好孩子，认为凡是跟玩有关的东西，甚至是孩子的爱好，都是玩物丧志，都是不务正业，那么这个孩子以后

可能会变成什么样呢？

我们大家比较熟悉的这种内在小孩的表现就是"直男"。在很多事情上，他觉得自己想的就是对的，别人说的玩笑话都是真的。他们有可能情感不丰富，思考的问题也主要在理智层面，并且是基于他自己的逻辑的理智层面。所以有时，他很难理解别人的言外之意。

最常见的例子是跟女性在一起时，女朋友撒娇说："你要是不会照顾人，就走。"然后这个男性可能就真的走了，女朋友就很崩溃："难道说我让你走你就走吗？"而这个男性会回答："这不是你让我走的吗？"

在人与人交往时，有很多话的背后是有含义的。**不会开玩笑的人就很难知道玩笑式的互动的言外之意。**

有一个名词叫作心智化。比如，因为婴儿在很小的时候是不会说话的，所以在他要和妈妈互动时，妈妈就要去了解婴儿的哭声、表情、动作都在表达什么，这一过程就是心智化的过程。有的母亲就很清楚小孩什么动作是要小便，什么动作是要大便，什么动作是要玩。小孩的哭声在外人听来往往都是一样的，可是对母亲来说是不一样的。所以，敏感的母亲经常能做出正确的回应。

如果母亲的回应总是错的，婴儿当然会很郁闷，因为他无法表达。所以我们强调母亲要经常陪伴孩子，观察孩子，这样才能更准确地理解孩子的需求。

还有一个名词叫作伪装模式。 比如，爸爸跟孩子在一起玩，孩子拿起水枪，对着爸爸就是一枪，水枪射中了父亲，父亲"咣"的一下就倒在地上，孩子看到这个情景就会哈哈大笑。在孩子的内心中，他想达到的目的就是用水枪击中你，你就应该死掉，然后父亲死掉了。但是在现实中，父亲并没有死掉。在这个游戏里，孩子内心设定的场景——射中并且能够击败对方实现了，他就会很高兴，很快乐。他也知道父亲是装的，"装的"这个概念就逐渐变得清晰起来，装的这一概念就很重要。

有很多人与人之间的关系，是通过模拟逐渐获得的情感体验。 比如，为什么很多人喜欢看话剧、看歌剧，因为它通过很多夸张的表情、声音，把人的情感凸显了出来，让观众获得了一种模拟性的体验。所以，为什么妈妈跟孩子互动时，表情会特别夸张，眼睛睁得很大，嘴巴张得很大。因为她要把自己想表述的感情，通过这种夸张的表情表现出来。这整个过程就是一个伪装的过程。

回到我们开始的话题，如果父母在孩子小时候经常跟他们玩耍，有特别夸张的动作和表情，在这个过程中，孩子就得到了一些复杂情感的体验。一些上文所说的直男，其实就是缺乏复杂情感体验的孩子，他们长大以后可能也只有简单的情感。

直男给大家的感觉往往是脑子不转弯，不谙风情，没有幽默细胞，而且开不得玩笑。跟这种人开玩笑，由于他不能完全理解你的言外之意，所以他很可能认为你是在说他，认为你说的是真的，很可能会跟你发火。久而久之，就没有人再愿意和他开玩笑、跟他来往，这才是关键的问题。

有的人说："哎，我们实在是需要这种直男，做事情认真、较真。"其实，认真、较真和他不会开玩笑、不懂得变通是两码事。这种人不只不会开玩笑，真正的直男是真的不近人情。

周润发主演的电影《赌神》里有一个角色叫龙五，龙五是一个出生在越南的特工，他不苟言笑，做事情非常认真。在电影的最后，周润发扮演的角色说："哎，我基本上没看过你笑，你笑一个我看一下"，后来他还是笑了一下。这类人就不叫直男，因为他的职业是特工，职业决定了他必须处于那种状态，情感不能外露。

真正的直男是不近人情的，木心[1]说无知的人最薄情，这种无知不仅指不识字，还指缺乏常识，没有见识的人。

拥有缺乏玩耍的内在小孩的人，成年后就表现为直男，他们在人际关系中容易遭到很大的挫折。

没有女孩愿意跟他交往。别人并不一定因为你做事很认

---

[1] 系中国当代画家、作家。——编者注

真，是一个很踏实可信的人，就欣赏你。直男认死理，如果他对女孩满意，愿意和她共同生活，他可能会直接在婚前甚至相亲时，就对女方提出婚后如何养孩子、如何对待自己的父母之类的要求。

现在抖音上有很多这类段子，虽然是段子，但也确实反映出这类人的某些特点。有这么一个段子，男的说："既然我们是相亲，我就有话直说了"——很像直男的风格，"你一个月收入多少？"女的说："收入三四千。"他说："好吧，房子我有，车子我也有，你就只要给我生两个孩子，然后孝顺我的父母，我父母一定要来跟我住。"女方站起来说："哎，我不知道现在保姆的价格这么贵了"，他听不懂，她解释说："你的要求实际上就是找个保姆嘛。"

这就是直男的逻辑。他在表达自己的想法时，很少考虑对方的意见，也很少征求对方的意见。既然是直男，那他就不用掩饰什么，也不用客气寒暄，他就直接开始表达了。而且他说的就是他的要求，而且他认为他的要求你就应该接受、必须接受，不需要商量。

孩子天生都有一定的创造力，都喜欢玩，都喜欢跟父母玩。所以一个不被允许玩耍的孩子，他内心的心理空间可能就没有那么大。

玩耍可以扩大一个人的心理空间。心理空间大，意味着你

有更多的妥协的能力、抗顿挫的能力和反思的能力，这当然很重要。

有些直男只有简单情感。简单情感就是喜、怒和恐惧，这些动物性的原始情感。

动物高兴时，会在地上打滚，或者抖抖全身的毛发；动物发火时，会竖起毛发，瞪圆眼睛，全身绷紧，发出怒吼；动物恐惧时，会瑟瑟发抖，发出哀鸣。动物所具有的情感无非就是这些最基本的情感。

但是，人类的情感就丰富、复杂多了，我们称之为复杂情感，例如嫉妒、忧伤等。又比如愉悦，愉悦的感觉就属于复杂的情感，它绝不仅是简单的高兴。

举个例子，妈妈和孩子一起玩扔球游戏，孩子要把一个球扔到一个小洞里去，一次没成功，两次没成功，妈妈握着婴儿的手一起推，结果成功了，这时孩子哈哈笑，母亲充满爱意地抚摸这个婴儿。这个过程就构成了一个愉悦的状态，这个孩子非常高兴。但除了高兴以外，孩子还体验到了成就感，以及被爱抚的满足感等，这些情感糅合在一起就构成了愉悦的感觉。

你看，如果母亲不跟孩子一起玩，没有共同的经历，他就没有这种愉悦的感觉，也就无法产生复杂情感。

再来说说嫉妒。比如，妈妈又给3岁的女儿生了一个弟弟，姐姐看到妈妈抱着弟弟喂他，可能就会不高兴，嫉妒弟弟。

如果这时妈妈注意到了姐姐的情绪，对她说："哎，弟弟在吃奶，你是不是也想尝一下呀？"虽然此时姐姐已经断了奶，不好意思来吃，但如果妈妈说："过来吧，你也吃一口奶"，姐姐嫉妒的情绪就会得到释放。因为姐姐感觉到妈妈注意到自己的情绪了，而且妈妈能够接纳她的不满，并且还表示了对她的爱和对弟弟的爱是一样的。所以，这时她的嫉妒就变成了正常的嫉妒。

如果妈妈没有管她，跟她说："去去去！我在给弟弟喂奶，你在旁边转来转去干什么，干扰我们"，姐姐的嫉妒有可能就发展成一种病理性的嫉妒。这就会让姐姐在看到他人获得好处时，内心简直像被猫抓了一样难受，一定要去破坏它。

所以，有的姐姐说："我抱弟弟的时候，突然手一滑，弟弟就直直地掉下去了。"这就是病理性的嫉妒的表现。

从上面讲到的这些，你可以看出玩耍是多么的重要。如果你不允许孩子玩，其实你会让孩子丧失非常多的心理空间。除了我们刚才说的变成直男，变成一个不近人情的、没有反思能力、不好玩、不能开玩笑的人以外，他丧失的还有很重要的一点，那就是创造能力。

在玩耍过程所形成的心理空间中，创造能力是重要的组成部分。通过玩耍，孩子的想象力被激发，动手能力得到锻炼，从而创造力也会得到极大的发挥。

玩耍不仅是孩子的天性，事实上成年人也是喜欢玩耍的。我们中国传统文化里的琴棋书画，包括麻将，都是我们老祖宗留下的"玩耍"的技艺、技能。

当然，琴棋书画是比较高雅的，也不能说玩麻将就是玩物丧志，就不高雅。在玩耍的过程中，人与人之间的互动可以加强人际关系，使得心理空间变得更加灵活，在这个空间中人们能够处理现实中的一些冲突。所以其实玩耍是很重要的，尤其是在幼儿阶段。

成年人的玩耍也不能说就是玩物丧志。我记得有一个老师说过，你不要认为那些提着鸟笼子，到处遛鸟、不上班的人是不务正业。你首先要想一想，他哪来的能力能使他有那么多的空闲玩。可能你是在嫉妒他有能力玩，而你没有这个能力，你必须上班。

能够玩耍的孩子的内在小孩应该是很有趣的人。

第六节 道歉·缺乏道歉的委屈感

■ ■ ■ ■

本节概要：缺乏道歉的内在小孩

- 缺乏道歉的表现

  ○ 出现诉讼型人格障碍

  ○ 形成委屈的内在小孩

  ○ 长大后学会拒不认错

- 委屈感的身心症状

  ○ 消化系统：胃疼、胃酸、腹泻

  ○ 呼吸系统：气短、憋闷、唉声叹气

  ○ 攻击自身：全身肌肉酸痛、周身疼痛

- 道歉的功能

  被看见、被理解、被安抚，释放委屈感

从小缺乏道歉的内在小孩，会有什么样的表现呢？

这类人可能比较纠结、纠缠，表现为诉讼型人格障碍，好像天下人都欠了他一样。他可能经常会去投诉，一件很小的事情就能引起他的不满意。

比如，你到外面去消费，服务员可能不小心把水洒到你的衣服上，或者服务员可能拿错了什么东西，其实你大可不必去计较，而且服务员也跟你道歉了，可是你还是不依不饶的，而且可能火气越来越大。服务员即使再三道歉也安抚不了你。如果别人不道歉的话，你就更加得理不饶人。

我们在生活中经常可以见到这种人，比如路怒症，可能别人在马路上开车时只是无意地别了他一下，然后他就开始和别人对着干，最后甚至酿成车祸。

他为什么会纠缠不休呢？就是因为他的内心存在着一个很委屈的内在小孩、存在着一个小时候父母从来不跟孩子道歉的内在小孩。

一些父母，往往做错了事也不认错，即使心里明白是自己的错，嘴上也不认错，可能还振振有词。有的父母到了年龄大的时候可能会间接地认错。比如，给你做家务、帮你带孩子，如果你问他小时候你是不是说了某句话、做了某件事，父母可能会一脸茫然地说："什么，我做了这件事吗？"他假装完全忘记了。这种父母是没有道歉的能力的。

其实做错了事情不要紧，谁没有做错事情的时候呢？但是，父母认为自己道歉就丧失了自己的权威，而且他不认为作为父母应该给孩子道歉。

举一个简单的例子，如果在 20 世纪 70 年代，可能那个时候的工资只有 30 多元钱,你发现 5 元钱不见了——在当时那是很多的钱了,到处找找不到,你可能会怀疑这 5 元钱被自己的孩子偷了。你一方面为找不到钱着急,另一方面想到小时候偷针、长大偷金,怕孩子走上邪路,就把孩子狠打了一顿,还振振有词地教训说:"这么小就有偷东西的习惯,那以后那还得了啊。"

可是,过了几天,那 5 元钱又找到了。这时候父母是不是应该去认错呢?这样的父母往往不会认错,"我打你是为了让你知道对错",还继续振振有词。

这些父母因为碍于自己的面子,碍于自己的权威,在自己做错了事情时羞于认错,甚至强词夺理,"我打你怎么了?我是你爹,我就应该打你,而且我打你是为你好",这都是他们常用的话。

所以,孩子在整个过程中听不到道歉。听不到道歉,他心里是有委屈的。你不要认为孩子傻,孩子不知道,父母用什么心机,做什么事,其实孩子都知道。长期在一起生活,孩子怎么会不知道呢?

而且,这些孩子以后也会从父母那里学到这一招,就是死不认错。

道歉意味着承认自己有弱点和缺点,承认自己做事不够完美,承认自己会犯错,承认自己做不到孩子心目中理想的父母那样完美无缺，无所不能。

其实，理想化的父母形象在孩子出生后几个月后就崩塌掉了。你不可能 24 小时不睡觉，时刻满足孩子的需要。在这个过程中，孩子已经渐渐体验到父母不是万能的，不是无所不知的。

所以，跟孩子认错其实没什么大不了的，相反，道歉会让孩子感受到被公正对待、被尊重，有助于孩子形成正确的是非观。但是很多父母开不了这个口，对于孩子来说，他的内心中当然就会觉得特别委屈。

在所有复杂情感中，委屈是一种特别复杂的情感。委屈常常是因为愿望不仅没有被满足，而且没有被看见，没有被理解。**道歉意味着你看见了他，你安抚了他，并且你还理解了他。**这么复杂的一个过程，一句道歉就能使委屈通过被看见、被理解、被安抚，得到释放。

一个委屈的内在小孩，一个在委屈的过程中长大的孩子，就可能会发展出各种各样的症状，**其中一个症状就是经常胃疼，老是喘不过气来。**

胃是人体接纳、消化并且吸收营养的场所。而委屈就是"我咽不下这口气"。所以，委屈的情绪常常反映在消化系统上，比如胃肠嗳气，吃东西的时候反酸、胃疼，肠道咕咕地叫并且时常腹泻等，这都是委屈在身体上的表现。

如果一个孩子小时候特别委屈，还会对他的呼吸系统造成影响。

有的人老是觉得气短，时不时地就得大喘一口气，特别是一些中老年人，总是长吁短叹，让旁边的人感觉愁云惨淡，很压抑，但他自己并没有觉察。这未必是因为他的生活特别不如意。这个憋屈感很可能是因为在他小时候形成了一个委屈的内在小孩。

长期感到憋屈、委屈的人还会经常表现出全身的肌肉容易酸痛。 委屈的背后其实是有愤怒的。有时孩子气得发抖，不是因为他要生气，而是因为他觉得自己的委屈没有被看见，或者看见后没被理解，或者理解后又没有被安抚。

委屈，常常是被误解，有理说不清。就像他很想一拳头打出去，但是打不出去。于是，他就只好将其压抑在自己身体里。所以，委屈导致的一个很重要的症状就是疼痛，全身的肌肉疼痛，这叫作攻击转向自身。

一个长期受委屈的人，情绪长时间得不到缓解就会将气积蓄在身体里面。中医的理论中有不通则痛之说，因此他就产生了全身的肌肉慢性疼痛，怎么治都治不好。因为他委屈的这口气，没有出去。

对个人来说，这种委屈会造成性格的扭曲或者身体的病痛。

因此，父母欠孩子的道歉十分重要，会让孩子形成一种委屈的情结而无法释怀，进而变成孩子心身的症状，困扰他的一生。在任何时候，父母的道歉都不迟。

作为父母，应该有这种能力，也有这种胸襟，为自己所犯的错向孩子真诚地道歉。

第七节 共情·亲爱的，我在这里

■　■　■　■

本节概要：共情你的内在小孩

- 缺乏共情的原因

  父母无法正确领会孩子的需要，与孩子配合度低

- 理解共情

  ○ 生理基础：镜像神经元

  ○ 经验基础：伪装模式、陪伴与不断地纠偏

- 缺乏共情的结果

  ○ 内在小孩充满憋屈感

  ○ 成年后以婴儿视角看待现实

如果一个内在小孩的父母在他小时候没有与他很好地共情，那么孩子的感觉就总是不对劲。

比如，孩子因为肚子饿啼哭，父母听到孩子哭就去给他找尿布，抱着他摇晃。因为孩子已经吃过了，所以父母就断定他不是肚子饿了。但是，对于很小的孩子来说，由于食物都是流质的，很快就会被消化完，所以需求大的孩子可能很快就会

饿。如果父母认为不能太频繁、太多地喂孩子，孩子就总是处于饥饿状态。

再比如，年轻人常喜欢开玩笑说："有一种冷，叫你妈觉得你冷。"父母生怕孩子冻着，尤其是没有表达能力的婴儿，父母对孩子的穿衣格外操心，给他穿很多衣服，包裹得很严实。但是，孩子容易出汗，全身长痱子，皮肤很痒，所以孩子就会很烦躁，总是哭。但是，父母觉得孩子哭闹可能跟大小便、吃东西或者其他因素有关系，他们就不会想到孩子可能是穿多了。有句老话叫作"三分寒、七分暖"，也就是要让孩子处于微冷的状态，而不是把他包裹得特别严实。

其实热比冷要更加可怕。很多孩子，因为不能表达，被包裹得很严之后，就会特别烦躁，而且还容易生病。

我举这两个例子是要说明，**父母理解孩子的需要，了解孩子的感受，对孩子的需求做出正确反应，这点特别重要。**

20世纪70年代，意大利科学家做过这样一个实验，他们在大猩猩的头上贴上电极，连接到示波器上，让实验员在大猩猩身边吃不同的水果，观察大猩猩的脑电波有什么不同。

结果发现，实验员在吃香蕉时，看他吃香蕉的这只大猩猩的脑电波和它自己吃香蕉时的脑电波是相同的。实验员敏锐地注意到这一点，并猜测有没有可能是它看到我吃香蕉，然后它心中有了吃香蕉的意象，所以才会出现同样的波形。

后来进一步的研究发现，大脑中有一部分神经，会让人们因为看到别人做了某些事，自己也能体验做那些事情的感觉，并产生同样的神经反应。这种现象就是共情。比如，我看到你哭，我即使没有伤心事，也可能跟着你一起哭。苏芮有一首歌的歌词写道："悲伤着你的悲伤，幸福着你的幸福"，大概是这个意思。

之所以有这种现象，是因为我们神经系统中有一种神经元叫镜像神经元。镜像神经元不仅存在于枕叶的视觉皮质，还存在于顶叶皮质、额叶皮质。一个人看到别人在做一件事，他也没来由地跟着人家做同样的事，这就是他的镜像神经元被激活了。

其实，共情既有生理上的物质基础，也是一个经验的习得。其实小时候，父母在对待孩子方面，不可能每一步都能完全正确，但是他们会在互动的过程中改正。

在跟孩子的互动中，敏感的父母根据孩子的哭声就能知道孩子此时此刻在表达什么，他想要什么，而在外人听起来，小孩的哭声都是一样的。

为什么有的父母，特别是母亲，听到孩子的哭声，看到孩子的动作，马上就能知道孩子在想做什么。这就是因为她在照顾孩子的过程中培养出了超强的共情能力。

如果母亲的共情能力特别糟糕，孩子就会有憋屈感。孩子讲不出来，或者讲不清楚，他觉得他的母亲不是不理解他，就是做出错误的反应，甚至是粗暴斥责。

比如，吃饭时，有的父母总是按照自己的喜好给孩子挑拣饭菜，堆在孩子面前，认为孩子就应该把它吃下去。可是孩子可能很不喜欢吃其中的某一种菜，这时如果是共情能力不强的父母就会坚持甚至强迫孩子必须吃下去。这样的父母，不仅对自己家的孩子如此，有时家里来了客人，也这样给别人夹菜。作为客人，别人给你夹了菜和肉，你如果不吃，饭菜就浪费了，而且也很失礼，可是别人夹的菜你又不喜欢吃，就只能硬着头皮吃一碗。可是，他又给你添了第二碗。这样的人就是缺乏共情能力的，体会不到别人的感受。

那种所谓的"妈妈觉得你冷"也是如此。有的人看着现在的女孩穿短裤，就总是去问："你穿这么少冷不冷啊？"现在很多女孩都喜欢露腿，所以你这样问就是没有对她产生共情。你不说"你的腿真好看，真长"，非要说"你这样穿冷不冷"，这就叫共情能力不足。

父母的共情能力，还会深刻影响孩子共情能力的形成。父母跟孩子互动的过程是一个不断纠偏的过程，"知道了自己理解得不对，然后就去改正"，或者"虽然我理解了，但我这样做是错的，那我换一换"。这个过程非常重要，因为**纠偏的过程就是一个共情形成的过程**。所以父母，如果在养育孩子的过程中没有一个纠偏过程，孩子的内心就会积累很多因为不被理解、不被看见或者没有得到正确对待而形成的憋屈感，孩子以后的心智化就得不到充分的发展，共情能力当然也就不强。

所以，一个共情能力不好的父母，培养出来的孩子共情能力也往往不好。这种人说话做事就容易不合时宜，和别人的想法格格不入，容易让别人觉得，这个孩子是不是傻。其实他并不傻，智商也不低，只是共情能力比较差而已。

共情能力差的人的内在小孩总是处于特别憋屈的状态。他理解不了别人，反而老是觉得别人不理解自己，最终的结果就是他常常处于委屈的状态，闷闷不乐、不快活、抑郁，特别容易被激怒。结果他的火气越来越大，别人对他也是忍无可忍，这样一来，他的人际关系就不好。

由此可见，共情是多么的重要。

在孩子小的时候，如果父母没有给孩子足够的陪伴，或者即使陪伴孩子也是以自我为中心，而不是以孩子为中心，而且也没有给孩子很多游戏的空间的话，孩子的心智就不能很好地发展，共情能力也会比较差。

心智化过程中，有一种伪装模式。伪装模式指的是，父母在陪孩子玩的过程中，模拟一些场景，编演一些情节，比如孩子做一个打人的动作，父母就假装被打疼了。父母要和孩子有很多演戏的过程，使孩子内心的想法充分表达，用夸张的动作让他懂得那样做的后果是什么，孩子的心理空间就会逐渐变大，共情能力也会增强。

如果父母不能对孩子产生共情，不让孩子自由表达他的想法，孩子婴儿时的很多想法和情感就会被积压在心里，长大以后，他就可能用语言，甚至用行动将它们表达出来。

第八节 恐惧·动不动就焦虑，该怎么办

■　■　■　■

‖‖

本节概要：恐惧的内在小孩

- 与生俱来的恐惧
  - 存在恐惧
  - 黑暗恐惧
  - 死亡恐惧
- 其他因素引起的恐惧
  - 母亲怀孕期间的心身健康
  - 母亲怀孕期间的情绪状况
- 儿童的应对方法
  - 具象化无形的恐惧
  - 以梦的形式展现恐惧
- 成年人的表现
  - 焦虑，害怕灾难、不好的事情发生
  - 特别关注基本生存需要

‖‖

本节我们要探讨的是恐惧的内在小孩。具有恐惧的内在小

孩的人的特点是，动不动就哭闹，感到害怕，好像天要塌下来了，或者好像周围有鬼一样。

这种特别恐惧的内在小孩是什么时候形成的呢？精神分析的理论将此追溯到童年的内在冲突。早期，弗洛伊德将其追溯到3~5岁的时候，后来克莱因把儿童的内在冲突追溯到1岁以内。有一些做微精神分析的人，把婴儿时期的及出生前的一些恐惧都算进去了。比如，一个出生以后就哇哇大哭的孩子就可能被称为恐惧的内在小孩。

恐惧的确可能是与生俱来的。奥托·兰克在《出生创伤》中描述了这一状况，因为在胎儿时期，孩子在妈妈的子宫里处于漂浮的状态，不需要呼吸，也不需要吃东西，所有的营养都通过脐带运输到胎儿体内，所以他在母亲肚子里的10个月是非常安全、非常自在的。

但是，在出生的过程中，他就会感觉很不一样。出生其实是很令人恐惧的事。首先，子宫开始收缩，然后胎儿要下坠到盆腔，所以，整个过程中，胎儿会有缺氧的感觉以及被压缩的感觉。然后他整个人要进入一个狭窄的产道，他要出来就会有强烈的被挤压的感觉。

婴儿出生之前的环境是没有光线的，所以他的世界是宁静而黑暗的。但是从母体出来以后，环境发生了巨大的变化，陌生的声音、陌生的光亮，都会使他感到不安。

婴儿出生以后，就连他的第一口呼吸其实都是充满恐惧的。婴儿在母体内的时候，是不用呼吸的，他体内外的压强也是一样的。但出生的那一瞬间，他的肺里完全没有空气，外界的气压对他来说是不舒服的，是恐惧的。

我们可以自己测试一下，把头埋到装满水的脸盆里，测试自己憋气的最大时长，憋气时间越久，其实越恐惧。**我们把这种恐惧称为存在的恐惧。**婴儿在出生时，如果环境比较恶劣，就会感觉到巨大的、压迫性的存在的恐惧。

这种恐惧来自生命本能的求生欲，害怕自己活不下来。

刚才描述的只是正常分娩过程带给内在小孩的存在恐惧。事实上，在母体内的胎儿时期，也有很多情况会引发存在恐惧，比如母亲的健康状况不佳，或者母亲的情绪不稳定，等等。

举例来说，一个有心脏疾病的母亲怀了孩子，这个母亲很勇敢，冒着心脏病发作的巨大风险，也要把这个孩子生下来。但是因为母亲的心脏功能有问题，供血本来就不稳定，加上母亲的担心也常常造成心跳加快，这个孩子在胎儿期间时而感觉供血不足，时而感觉血压太高，这种不稳定就会造成内在小孩的存在恐惧。

除了身体健康问题，孕妇的情绪也会对婴儿内在小孩的生存恐惧产生影响。我们常说孕妇要保持好心情，就是出于这个原因。

曾经有一个妈妈带着一个三四岁的孩子来找我看病。因为这个孩子在幼儿园里出现了严重的打人倾向，经常打人，跟其他孩子的关系很差。

我和孩子交谈的过程中，孩子给我讲了一个他做的梦，他梦见有大怪兽在追他，妈妈也在他梦里，大怪兽在追自己，妈妈却不管他。这个妈妈说，她36岁时怀了这个孩子，当时她还没有结婚，因为年龄比较大了，所以她就想生下这个孩子。于是，她向孩子的父亲提出结婚，两个人结婚其实是不情愿的。在她怀孕6个月时，他们大吵了一场，父亲提出离婚。

我们想一想这个过程，这位母亲很想要这个孩子，她认为要这个孩子就得要这段婚姻。可是婚姻保不住，这个孩子到底要不要保呢？她一直都处于这样一个摇摆和矛盾的状态。最后虽然生下了这个孩子，但到了3个月以后，因为这个孩子长得跟他的父亲一模一样，这个母亲就不由自主地常常把对孩子父亲的愤怒转移到孩子身上，对孩子的态度时而慈爱，时而生气。于是，这个母亲的表现就是，好的时候是一个特别好的母亲，坏的时候也就成了一个特别坏的母亲。孩子才一两岁，她就把他关在门外罚站，一两个小时都不让孩子进门，有时候还打孩子。所以这个孩子常常处于非常恐惧的状态。那么，他用什么方法处理自己的恐惧呢？通过做梦。梦中的大怪兽就是这种恐惧的具象化。

所以，儿童往往特别喜欢动画片中出现的奥特曼、恐龙等内容。因为孩子内心有无形的恐惧，这种恐惧的具象一般就是特别大的怪兽。当然，在儿童剧里，还要有一个帮助者，一个好人或者英雄，或者妈妈爸爸，来保护他。

而在这个孩子的梦里，他的妈妈在一边不管他，在现实中，他的妈妈也是这个样子的，最后他就出现了特别严重的症状。

当他成年以后，最突出的表现就是惶惶不可终日，总觉得有灾难要发生，不是地震就是车祸等。他对报纸、杂志等媒体报道的灾难性事件特别感兴趣。这就叫作存在的恐惧。

他对孩子的教育也总是以这种方式来进行：你不能这样、不能那样，不然就有什么可怕的事情发生。所以他的内心中就总是有一个编好的剧本——灾难要发生。

灾难要发生在我们的身上，我们就要做好准备，所以他对自己的保护欲特别强，疑心特别重，在家里准备很多用来防身、逃生的东西，储备的食物也特别多。

这种人特别适合做治安管理员、消防员、社区里的管理员，每天晚上巡逻提醒居民防火防盗、注意炉灶这类工作，他们能做得很好。因为他们安全意识特别强，他内心里有一个认为随时有危险发生的、恐惧的内在小孩。

因为这种心理来自特别早期的体验，所以我们几乎无法说服他摆脱这种体验。他对人生的基本生计特别感兴趣，一定要保证自己吃好喝好穿好。在电视剧《都挺好》里，爸爸苏大强就是这样的人。他在老伴去世之后，就变得"狂野"起来，开始放纵自己，看起来很自私。他总是"搞事情"，这其实和他的生理需求有关。这种人的生理需求很旺盛，对吃特别感兴趣；但穿暖就可以，对时尚不感兴趣；要把身体照顾好，比如喜欢去按摩，也就是一定要充分满足基本的生理需求。

他的内在小孩有一种强烈的惧怕死亡的感觉，其活着的愿望特别强烈，绝对不会参加探险、极限运动之类的危险活动。

所以，我们可以得出一个结论，早年存在比较强烈的恐惧的人，内在有一个特别恐惧、感觉要死了的内在小孩，那么他成年以后做的很多事的根本和基础都是要让自己活下来，至于活得好不好是另一回事，总之一定要先活下来。

我们在现实生活中也可以看到这种人，甚至可以回忆我们自己小时候出现过的独特的死亡恐惧。可能由于这种恐惧遗留于内在，我们也会做出一些独特的行为。

第九节　羞耻·为什么总感觉自己很丢脸

■　■　■　■

本节概要：羞耻的内在小孩

- 羞耻感的本质
  - 以个人的价值和自尊为代价
  - 依托于文化背景："耻文化"与"他我"
- 羞耻的内在小孩的正向表现
  - 缺乏社交能力
  - 总是唯唯诺诺
  - 被轻视、存在感弱
  - 抑郁、无意义感
- 羞耻的内在小孩的反向形成
  - 钟情妄想、关系妄想、被害妄想
- 过度、极度羞耻感的形成原因
  在辱骂、羞辱、评判的环境中长大

不少人认为，丢面子、丢脸是羞耻的一种体现。"你这个人知不知道羞耻"还是比较文雅的说法，在口头上常说的是

"你要不要脸""你丢了我们全家的脸""你应该找个地缝钻进去""你活着有什么意义"。

从这些话中，我们能看到，羞耻是以人的个人价值和自尊为代价的。跟羞耻感相关的一个名词是内疚感，内疚感就是你为自己的言行感到后悔，特别希望有机会去弥补自己的过错。

内疚感和羞耻感可能在东西方文化中不太一样。一般来说，在西方，这种感受是内疚感，叫作罪文化；在东方，则是耻感，叫作耻文化。

如果人们看到别人家的孩子做错事，就会这样质问："你想想你的父母，你这样做，不会觉得自己很无耻吗""你想想你的父母、想想你的家庭，你这样做不觉得丢了你父母的脸吗"，这背后的基础就是耻文化。所以，在一个孩子很小的时候，羞耻感就已经在他们内心中培养起来了。如果一个人的内在小孩是一个充满羞耻感的内在小孩，那么他有以下几个表现。

第一个表现是缺乏自信。内在小孩充满羞耻感的人，在人前总是觉得自己讲话有错，总是觉得自己做不好、做不到、做不对，总担心别人会嘲笑自己。讲一句话就脸红，讲什么话都瞻前顾后，久而久之，养成遇事就往后缩的习惯，当然也就不会有良好的社交能力。

第二个表现是胆小怕事，缺乏反抗精神和自我防御能力。

由于内在小孩充满羞耻感的人在成长过程中的需求不断被拒绝，言行不断遭到否定，他渐渐就变得不敢表达需求，不敢轻举妄动，更不敢反抗比他强有力的人，所以他在别人面前总是表现得唯唯诺诺。

我们可以推测，一个在学校里面经常被霸凌的孩子很有可能是一个内在小孩有极强羞耻感的人。他受了别人的欺凌，回家后还不敢把自己受欺负的事情告诉父母，因为他觉得这种事丢了父母的脸。所以，在学校里不管他被别人如何霸凌，他都不说；别人也似乎找到了这个弱点，觉得这个人很好欺负，欺负这个人从来没有风险。这类孩子成年之后也往往会被别人轻视。工作中，好事轮不到他，苦活累活、出力不讨好的活都要叫他去，别人都不把他放在眼里。

第三个表现是低自尊和自我价值感弱。内在小孩有极强羞耻感的人成年后，自我评价很低，自己总觉得低人一等，自己活得很卑微，这使得人们往往也轻视他，他的存在感也就特别弱。弗洛伊德曾经描述过，一个人的自我价值感基于早年他的父母是如何照顾他的。如果父母对他比较和蔼、温和，他就可以把这种和蔼、温和内化到内心中。这样一来，自己就变成一个有意义的个体。如果父母经常羞辱他，经常限制他、控制他，使得他形成充满了羞耻感的内在小孩，他就会不知道自己存在的意义是什么。这样一来，在他的内心中，父母就成了他感受自我价值的参照系。因此，现实中的父母的离开就使得他无法忍受，他就会从此变得特别抑郁。弗洛伊德把这种情况描述为一个被抽空的自我，也就是他的内心非常空洞和空虚，因为他失去了生命意义的参照系。

由此看来，如果一个人拥有羞耻的内在小孩，那么他的自我价值通常是跟别人有关系的。**这就是所谓的"他我"，指的是你不是你自己，你活在他人的世界中。**他人怎么看你，构成了你的世界。很多人做事情、做选择时往往会想，父母怎么看我、别人怎么看我，反而很少思考我自己是不是想这样做。当然，从某种意义上来说，这种从别人的角度考虑问题的视角，构成了一个家庭内部关系的联结，这种考虑他人的文化也有好的一面。但是，如果一个人完全活在他人的眼光之中，一旦这个"他人"在现实中突然消失了，这个人的内心就会变得空空如也，找不到自己的价值。典型的状况就是父母去世后，这个人的内心就会变得非常"空"。

第四个表现是内在小孩充满着羞耻感的人常常悲观厌世，甚至抑郁、自杀。

所以，我们在教育孩子时，经常说孩子："你要不要脸""你丢了家人的脸""你这样做你对得起你的父母吗""你给我去死"，这种做法是非常糟糕的。

我记得有一个孩子，他大概是在初高中时尝试自杀。他就说，如果我死了，你也不要找我，你们随便怎么样。他自己从小被父母抛弃、虐待、暴打，因此他对父母充满了愤怒。

你或许要问，内在小孩充满羞耻感的孩子会有愤怒吗？有，但是他的愤怒常常是指向自己的。所以当他已经上了中学，他的父亲还经常羞辱他、打他，他就痛恨自己太无能、太无力，活得太没意义，最后就自杀了。

所以，这种有着充满羞耻感的内在小孩的孩子，如果得不到鼓励、得不到爱，当孩子觉得自己活着毫无意义的时候，最极端的表现就是"我不要活着了"。

第五个表现是羞耻的内在小孩有时候反而表现出完全相反的行为。在精神病里面有一种症状叫躁狂，在躁狂中，有几个细分症状分别叫作钟情妄想、关系妄想和被害妄想。这是有羞耻感的内在小孩的完全相反的一种表现形式。

可能他看到任何人，都说我爱你、我想你，这是钟情妄想。在所有的关系中，他都觉得别人对他有意思，别人在爱着他，这就是关系妄想；或者别人可能要害他，这就是被害妄想。这些妄想实际上是由于情绪被严重压抑而发生的内在抗争。

在躁狂出现时，他的情绪特别亢进，人与人之间的关系特别肤浅。比如，他看到人就满脸笑容，特别热情地对你讲很肉麻的话；当你觉得他充满热情、亢进时，他很快就转到另外一个话题，或者将注意力转到另外一个人身上。

　　以上罗列的这些，都是有羞耻感的内在小孩常有的外在表现。羞耻感内在小孩虽然一方面有种种负面消极的影响，但另一方面，羞耻感也是形成自尊的基础、实现自我价值的动力和防止走向堕落的安全防线。所以，有必要保持一定程度的羞耻感，它是一个人的道德底线。

第十节　被抛弃·怎么找回失落的安全感

■　■　■　■

本节概要：有被抛弃感的内在小孩

● 父母原型：对孩子来说，承担父亲、母亲角色的主要照顾者

● 社会现实：父亲角色缺失

● 被抛弃感的影响

　○ 形成害怕型依恋关系

　○ 对他人保有较大的距离感

　○ 难以进入稳定的亲密关系

　○ 反向形成：特别亲近人、特别依赖人

从内在小孩的角度来说，有被抛弃感的内在小孩并不少见，其中一个典型的群体就是留守儿童。其实父母出去打工，并不是不要孩子了，但是有的孩子就会感觉自己被抛弃了，并因此形成了有强烈被抛弃感的内在小孩。

举个例子，有一个男孩，他的父母都到南方打工去了，孩子留守在家。

在他 5 岁那年的春节，他的父母回家过年时带回来一个小妹妹。小妹妹两三岁，穿着很漂亮的衣服。男孩觉得父母在外

面一定生活得很好。

男孩特别渴望父母能把自己也带走，但是父母并不打算带着他。到了父母又要离开家外出打工的时候，男孩跟在父母身后一路哭着喊着追到村头，拉着父母的衣服，求他们带自己一起走。

他说他记得很清楚，在北方的凛冽寒风中，父亲拎着他的耳朵往回扔；因为他的耳朵上有冻疮，整个耳朵被扯裂了一大半。

这就是被抛弃的感觉，就是觉得自己不被需要，而且觉得自己被嫌弃。

如果一个人的内在小孩有被抛弃的感觉，他在现实中呈现出来的就是一种害怕型的依恋关系。但是，在发展亲密关系时，他经常呈现出一种抛弃和被抛弃的关系。

比如上文提到的那位来访者，他每段恋爱的时间都不长，可能两个月，也可能几周，最长的半年。我问他："为什么这样呢？"他说："因为我害怕被抛弃，每当我跟别人发展出亲密关系时，就有一个声音说'这个人要抛弃我了'。"

因为以前被父母亲抛弃的记忆太深，对他来说，一旦形成这种亲密关系就意味着可能再次被抛弃。所以他要先发制人，在对方抛弃自己前，先抛弃对方。还有些人特别会"作"，好好的关系，他一定要找些千奇百怪的理由破坏掉。这其实是一种害怕型的依恋关系，害怕被抛弃。由于这种害怕，一个人就无法形成长期稳定的依恋关系。每当关系变得亲密时，他就开始逃避。

我再举一个例子，这是一个国外的例子。

有一个在银行工作的人，患有严重的抑郁症，抑郁到要自杀，于是去寻求心理治疗。但是经过心理治疗，他的抑郁症却更加严重了。

他曾经结过一次婚，有两个孩子。后来他又找了个女友，他的女友觉得这个人也不错，但就是好像总跟他亲近不起来。她要约会，他就跑去工作。所以女友经常抱怨，建议他做心理治疗。心理治疗师建议他最好和女朋友结婚，要有比较亲密的生活、享受生活。可是在心理治疗的过程中，他的问题加重了。

这个治疗师就把他推荐给另外一个经验特别丰富的治疗师。他去新治疗师那里的那天是周五，按照常理来说，治疗师应该把他收住院。因为让他在家度过周末会有自杀的风险，住院可以预防自杀，他就更加安全。

但是，这个经验很丰富的治疗师在了解情况后，就对他说："你现在回家，周一去上班，周三再来找我。"这样做不是很危险吗？可是，周三过来时，他的情况好多了。

我们就问这个治疗师，你为什么冒这么大的风险这样做？治疗师分析了这个来访者的情况，给出了这样的解释："这个病人小时候被父母抛弃，被别的家庭领养，领养的家庭又虐待他，对他有暴力虐待，甚至包括性虐待。他曾在 3 个领养家庭待过。也就是说，他不止一次遭遇了抛弃，生活环境不稳定，又接连遭遇暴力和虐待。从 9 岁多的时候开始，他变成了街头混混，参加了帮派，直到 13 岁。13 岁后，他决定开始努力学习。此后，他顺利地进了初中、高中、大学。大学毕业后他开始工作，他的工作能力很强，30 岁时就做了一家私人银行的行长，管理着一个 80 人的团队。"按照这个治疗师的理解，因为这个病人在幼年不断体验被抛弃的感觉，所以他不喜欢跟别人太亲近。因此，当他的女友和前一个治疗师建议他跟人亲近时，他就产生了特别强的即将被抛弃的恐惧感，特别是在情侣关系中。正是因为这种被抛弃感，他闹着跟第一个妻子离了婚。现在，他的女友又希望和他亲近一些，结果越亲近他就越恐惧。

那么，当银行行长是什么感觉呢？他经常自己一个人待在办公室里，处理日常的事务，平时没事情就不会被打扰，又可以看到人，与人又不是特别近，而且还有距离，一般人也接近不了行长，这份工作非常适合他。所以，治疗师就觉得工作是他的资源。工作时的人与人的距离是他需要的一种安全距离。

一个人如果在幼年被抛弃，就会产生对别人的敏感和不信任、对亲密关系的怀疑，这可能会影响他日后的人际关系。在人际关系中，太亲近会让他特别恐惧和不舒服，所以和这种人相处，要保持一定的距离，不要期望与他有太亲近的关系。

总之，被抛弃的内在小孩，内心中常常有一种自己要抛弃别人和自己被别人抛弃的声音。

当然，在人际关系中，我们要理解这一点：有的人并不喜欢人多，有的人喜欢独处，这有可能这是他的性格使然，但是也有可能是他的早年创伤所致。所以，我们要学会尊重别人的一些习惯。

当然，也不是所有幼年遭遇过抛弃的人都害怕亲近关系。事实上，也有些幼年遭遇过抛弃的人，反而总是特别渴望和别人亲近，这可能是被抛弃感的反向力使然。总之，如果一个人的心里住着一个有被抛弃感的内在小孩，他的内心会有一个无处不在的阴影。

比如，有的孤儿在找结婚对象时也要找一个孤儿，也就是结婚的条件是对方也没有父母，两个人都是被抛弃的，他们对被抛弃有一种认同。他们还可能决定不要孩子，因为自己的幼年经历太痛苦，他们发誓不让自己的孩子重演这个悲剧，那么绝对能避免这个悲剧的办法就是不要孩子。

当然，更多的情况是孤儿成家后有了自己的孩子，生活也很幸福。但是，他们内心中被抛弃的情结一直存在。

第十一节　空虚·怎么应对悲观无助的时刻

■　■　■　■

▓▓▓

本节概要：空虚的内在小孩

- 空虚空洞的内在小孩本质上缺乏母亲的陪伴和爱

  ○ 婴幼儿在不断模仿母亲的行为中成长

  ○ 母亲的关注和爱可以帮助孩子建立起与他人的联系

- 一生中发展共情能力的两次机会

  ○ 婴幼儿时期：从父母那里感受爱

  ○ 有孩子以后：从孩子那里学习爱

- 空虚空洞的内在小孩最大的问题是常识的缺失

▓▓▓▓▓▓▓▓▓▓▓▓▓▓▓▓▓▓▓▓▓▓▓▓▓▓▓▓▓▓

　　一个人如果有一个空洞和空虚的内在小孩，就是一个无趣的人。

　　这种人往往沉默寡言，和别人相处时感觉无话可说，似乎在他的大脑中没有任何的阅历，白纸一张空空如也。同时他又很无趣，是一个很无助的人。当然没有人愿意跟这样的人在一起。

　　那么，这样的内在小孩是怎么形成的呢？

孩子的成长需要有一个模板，这种行为叫作模仿，婴儿最早的成长是模仿。比如，妈妈在他面前露出笑容，他也露出笑容，然后妈妈在笑，他也在笑。我们都很熟悉这样一个情景：妈妈对着孩子露出表情做动作，然后孩子也对着妈妈露出表情做动作。

有时，妈妈的动作虽然看似毫无意义，但是对于孩子的内心是有意义的。这个意义就是爱。

相反，如果婴幼儿的成长过程中周围缺少人的陪伴，或者陪伴的人没有表情，没有什么动作，这个孩子就缺乏模仿对象，感受不到被爱，他的内心就是空白的、空虚的。

举例来说，我们做过一个婴儿观察的项目。有一个妈妈抱着孩子，这个孩子有五六个月大。孩子躺在妈妈的怀中吃奶，闭着眼睛，这个妈妈认为孩子睡着了，其实这个孩子还在吃奶，嘴巴还在动，但是眼睛闭上了。所以妈妈就拿起手机，这个孩子似乎是有意不让妈妈看手机，会伸手划开手机。**我们可以注意到，孩子很希望妈妈能把注意力放在自己身上**。

这一点很多母亲是做不到的，她们认为小孩什么也不懂。而其实，孩子的潜意识一直是清醒着的，并且渴望和外界、和妈妈进行联结。

所以，妈妈陪孩子需要用心，让孩子感觉到你在陪他。如果母亲不用心，孩子会感觉到自己的内心没有被注入情感，会形成一个空洞和空虚的内在小孩。

温尼克特提出过一个名词，叫"过渡性现象"。过渡性现象就是母亲和孩子互动的一切，这些又构成了一种环境，我们称之为母亲环境。

母亲环境就是妈妈的声音，妈妈对孩子护理的习惯，比如手法轻柔，总是要抱着孩子亲一下，总是在孩子洗完澡后把头埋到孩子的肚皮上蹭，让孩子痒得发笑，用一只手托住孩子的小脚，让孩子模拟蹦跳，或者是喂奶的温度，妈妈和孩子说的话等，这些就是母亲环境。而广义的母亲环境，还包括母亲之外的其他与孩子紧密相关的事物，比如，有些外婆每天在摇着孩子睡觉时都会给他讲个故事。这些东西全部构成了孩子内心的记忆，就是被她（母亲）注入的一些东西。

养育孩子不是简单地把孩子养大，而要在这个过程中，让孩子逐渐感觉到声音、腔调、味道，进而慢慢地听得懂、看得懂养育者对他的态度和情感，而其中他最应该感受到的就是"我是被需要的，我是被尊重的，我是被爱的"。这个过程就是心智化的过程，孩子在这一过程中感受到了情感的联结。

在建立这种情感的联结的过程中，母子之间就形成了依恋，也就是孩子希望永远拥有这份满满的被关注感和爱。在这个情感联结的过程中，母子之间也形成了很重要的互动与共情。妈妈跟孩子之间虽然没有讲话，但是妈妈知道孩子在想什么，孩子想让妈妈知道自己在想什么；同时，他也知道，妈妈知道自己在想什么。

我们的一生中有两次发展共情能力的机会。

第一次是我们的婴儿时期，这个时候，我们的父母如果对我们很好，那么他们就会教会我们共情。

还有一次就是你有孩子的时候。因为婴儿不会说话，他的需求只能通过哭声、表情、身体扭动来表达，你在照料他的过程中，必须靠自己的仔细观察和悉心揣测去探求。在日复一日努力弄懂孩子的各种需要的过程中，你会渐渐地发觉自己对别人的情绪更敏感了，更能懂得别人言语背后的诉求。

当然，也可能会发生这种情况：在你自己的婴幼儿时期，由于缺乏良好的母亲环境，所以心智化没有得到充分发展，脑袋空空如也，也就是说你有一个空洞和空虚的内在小孩，那你就不知道怎么去对待孩子了。

与内在小孩空洞和空虚的人交往，你会发现他非常缺少常识。我们常常说的知识有 3 种，一是生活的常识，二是我们学的书本知识，三是我们人生的一些经验。这种内在小孩空洞空虚的人往往这三者都缺乏，其中最缺乏的就是生活常识。因为生活常识大多是父母在和孩子互动的过程中教会孩子的，如果父母没有这个能力，也没有这个时间，甚至没有意识去陪孩子、教孩子，孩子当然就会缺乏生活常识。而书本知识的获得更多的是靠自己去读书学习，自己去理解，所以这种人可能并不缺少书本知识。他说起物理、数学头头是道，但是他不懂得人之常情，社会经验就更谈不上了，因为没有人愿意陪他玩，所以他就缺乏人生的阅历，缺乏人生的体验。

所以我们在临床上看到，从常识、知识和社会阅历上来说，有很多人是缺乏生活常识和阅历的。

有一句话是"人无癖不可交"。 如果一个人什么癖好都没有，大致就可以推断这个人的内在是空洞的。一个对什么都不感兴趣的人，觉得周围的事物和人都是可有可无的，对任何事物和人都是不会用深情的，所以"不可交"。从另一个角度讲，"无癖"也是缺乏生活情趣的表现。一个人有嗜好、有癖好，那么他的内心必然是丰富的，这个人就会很有趣，他对自然、对人充满好奇，他有无穷无尽的故事可以告诉你。

印象中，早年有一项调查，问题是"如果在去火星的路上要花几年，你愿意带谁一起去？"有个女孩的回答很有意思，她说："我愿意让金庸跟我一起去，因为金庸在路上可以不停地给我讲故事，这个旅途就不是那么枯燥。"

作为父母，自己要变得比较有趣，成为孩子的好模板，才能培养出内在充实而又有共情能力的孩子。

第十二节　哀伤·如何理解眼泪的意义

■　■　■　■

本节概要：哭闹的内在小孩

- 为什么有的婴儿总是哭闹不止？

  ○ 高敏感型婴儿

  ○ 有生存焦虑的婴儿

  ○ 不被理解的婴儿

  ○ 有分离焦虑的婴儿

- 父母的拥抱和皮肤接触可以帮助婴儿建立起安全的环境

  ○ 早期婴儿的依恋本能和拥抱反射

  ○ 哭闹的孩子最终的诉求是父母的爱

　　有的孩子生下来后很安静、很乖，不爱哭，他好像很怕麻烦别人，好像在这个世界上不存在一样，所以有的孩子的父母会说孩子很好养也不烦人。但是反过来，也有一类婴儿整天哭闹不已。

　　为什么有的婴儿特别爱哭闹呢？个中原因不一而足。婴儿的高度敏感、生存焦虑、不被理解、分离焦虑，都有可能引起他的不停哭闹。

我的一个同学说，他的孩子就很爱哭闹，以致他必须整夜抱着孩子走来走去。他说他的孩子能感觉到他膝盖弯曲的角度，不能超过 10 度，否则孩子马上就哭。我们给这种孩子起了一个名字，叫作**高敏感型或超敏感的婴儿**。

这里所说的敏感，首先是指生理上比较敏感。据说亚斯伯格类婴儿就比较敏感。亚斯伯格类婴儿是指智力超常、在数学或者音乐方面有特殊天赋的孩子。这类孩子的一个特点就是他们对外界信息的感知度要远远高于我们正常的人。比如，我们在上课时，不一定能听到外面的声音，除非你转移注意力。我们在看人看事时，只能看到其中的某一部分，不一定能看得到细节。但有的人就能捕捉到每一个微弱的声音、每一点细微的变化和差别，对人、对事情明察秋毫。

一部间谍电影中有这样一个镜头：间谍看似漫不经心地从一楼上到三楼，但随后他能详细地说出二楼的某一个房间开着的门以及里面有什么，像一台照相机一样把细节都记得清清楚楚。

这一类人就是我们所说的高敏感型的人，**他对外面的声光味等信息的感觉精度、处理速度、感受深度、感知范围，都远超一般人。**

巴黎就有一个亚斯伯格类的人，他在高楼上往下看一眼，就可以把全巴黎都画出来，每一个细节，包括每一个街道、每一座房屋的结构都精准无误。这是一般人无法想象的，更别说做到了。

为什么一般的人没有这么敏感？就在于我们的大脑会过滤一些信息，处理信息有一定的容错范围。而高敏感型的人对信息的感知是纤毫毕现的，不主动消融偏差，反而把细节放大凸显。这样的结果就是他对外界缺乏容忍度。

再回到爱哭闹的婴儿这个话题，**第一类情况即因为婴儿的高敏感度**。高敏感型的婴儿对于周围的声音、味道，自己身体的干湿冷暖，衣服被褥的轻重松紧等都特别敏感，这些条件一旦偏离他的喜好，他就要哭闹以表达不满。

孩子爱哭闹的**第二类情况是他的内心有一种强烈的存在焦虑感**。比如，有一个学员说因为自己是个女孩，她的外婆喝煤油自杀了，她的奶奶和她的妈妈都想把她送走。她成天哭闹，送也送不出去。她的爸爸在她刚出生的前几个月都不在家，等她的爸爸回来打开她的襁褓后，看到她皮肤上长满了疥疮。我们可以想象她的妈妈是怎样护理这个孩子的，她的妈妈根本就不管她，没让她死就算好了。所以，这个孩子整天处在一个奇痒无比、难受无比和被抛弃、被嫌弃的状态。

我们有时候会说**孩子的哭闹是生命力的象征**。比起那种特别安静的孩子，哭闹的孩子更可能感受到了自己的生命受到了生存威胁，他在呼救，他在抗争，他要活下来。有时候，我们会听到一些特别凄惨的故事。比如，有孩子被扔到粪坑里，被人发现后救起来，是他的哭声引起别人的注意才保住了性命。

哭闹是孩子求生的一种本能，所以，当他感受到自己的生命不安全时就会哭闹。这是**存在焦虑**的表现。

也有时候，孩子哭闹是因为他的情感没有得到正确理解。

一个同事说，他的爱人每个星期都会给孩子拍录像，我们就随机拿来看。有一次，大概在孩子三四个月大时，她把孩子临时交给她表姐托管，她下楼吃饭，离开了不到半小时，这孩子就哭得一塌糊涂。她表姐打电话让她上去，她上去就开始哄孩子，孩子依然不停地哭。她讲了一句话引起了我的注意，她说："哎呀，你受委屈了，我的小委屈啊，我们叫不委屈。"

这就是孩子爱哭闹的**第三类情况，孩子的哭声里有特别多的委屈，他总觉得自己没有被理解。**

如果每个母亲都像这个母亲一样能够理解孩子，并且能给孩子的情绪命名，孩子就会觉得："好，妈妈懂我了"，那么孩子就会很少哭，因为他不用哭，他的表达母亲就能理解。

但是有一类母亲总是不到位，她不是人不到位，就是心不到位。这样，孩子当然就容易感到憋屈，经常哭泣。所以我们经常看到，一些母亲会说："你要再哭我就不要你了""你要再哭的话，我就把你扔给狼外婆"，这样吓唬孩子。但你要是不许孩子哭，只会把孩子吓得更厉害，让孩子哭得更加厉害、持久，难以缓和，难以把他哄好。

那么**第四类情况就是哀伤，害怕分离**。所有的心理归纳起来，孩子的创伤都是一种分离反应。如果孩子小时候经常处于一种动荡的状态，比如被送来送去，环境变来变去，身边的人换来换去，换保姆、换房子、换住所、换照顾者，这种孩子也容易哭泣。哭泣是因为对分离的恐惧。上文在介绍缺乏陪伴的内在小孩以及有被抛弃感的内在小孩时对此曾展开论述，此处不再赘述。

如果家里有一个特别爱哭闹的孩子，我们经常会认为这个孩子很难养，这个孩子的母亲也会很挫败："他为什么总是哭呢？他哭得好烦，我怎么摊上这么个倒霉孩子啊？"其实，从上面的分析不难看出，孩子的哭闹不外乎是他的生理和心理需求没有得到满足，特别是安全感没有得到保障。存在焦虑、分离焦虑，归根到底是没有足够的安全感。

那么，怎样才能让婴幼儿有足够的安全感呢？这就要讲到婴儿的依恋本能和对爱的诉求。

早期婴儿的几个本能中，有一种本能叫作**依恋本能**。所谓依恋就是孩子出生后要在情感上联结某一个人，和这个人发展很亲密的关系。

依恋本能由依恋行为构成。那么依恋行为有哪些呢？

婴儿的第一个依恋行为就是吸吮，你要给他喂奶，让他的嘴巴含到东西。有的婴儿哭闹并不是因为饿了，但母亲把奶头塞到他嘴里就不哭了，因为这满足了他吸吮的本能需求。

婴儿的第二个依恋行为是拥抱反射。你要是去用东西刺激他的前胸部和腹部，他的手和脚就会搂成一团。当然还有一些其他的动作，比如爬行。

婴儿本能中的拥抱反射包含很重要的一个因素，就是皮肤接触后能产生特别舒适的亲密感。一个婴儿没有发烧，肚子也不饿，也没有大小便，身体也是干净的，却哭得很厉害，很可能是因为他需要被抱着。**你会发现，有的父母就是不喜欢抱孩子，很少抱孩子**。一个朋友告诉我："我跟父母的亲密接触就是他们打我的时候。"他说得很心酸。还有个人说："我从来不碰我的父母，他们也不碰我，我妈老了以后来找我，过马路时突然她跟跄了一下，一把拉住我的胳膊，我就忍耐着让她勾着我的胳膊过马路，可是我全身起了鸡皮疙瘩。因为小时候她从来没有抱过、摸过我，她就是打我。"

由此可见，拥抱对婴儿来说多么重要，它是支撑婴儿依恋本能的必要条件，也是婴儿获得安全感的主要方式。因为被拥抱时，婴儿会感到自己是被保护起来的，是被爱着的。

综上所述，**如果孩子特别爱哭闹，其原因可以用一句简单的话来概括，那就是人类本能的对爱、信任和安全的诉求**。不论是过度敏感而哭闹的婴儿还是不被理解而哭闹的婴儿，其根源都在于他需要更多的关注和更悉心的照料；不论是存在焦虑还是分离焦虑，其根源都在于他缺乏足够的安全感。

第十三节 悲悯·学会与情绪化的小孩共处

■ ■ ■ ■

本节概要：与情绪化的内在小孩共处

- 情绪发展历程

  ○ 从简单情绪到复杂情绪

  ○ 基于大脑皮层的发育而来

- 形成复杂情感可以帮助情绪化的小孩平静下来

- 接纳、陪伴、言语关怀、亲密关系、皮肤接触等是平复情绪的好

  方法

小孩的情绪化是因为他对这个世界的恐惧，我们要理解小孩的情绪，可以从以下几方面入手。

首先，婴儿早期只有简单情绪。什么叫简单情绪呢？他如果高兴起来，就特别高兴；他如果伤心起来，可能就特别恐惧。在高兴与恐惧之间存在空白，只有两个极端。

小孩虽然很早就产生了一些愉悦、嫉妒的情感，但实际上他并不知道自己出现的情绪就是这种情感。

举例来说，小孩晚上醒来时肚子饿了，但是他不知道这种

感觉是饥饿，他感觉到的只是身体的不舒服。因此，如果醒来时妈妈不在身边，他就会感觉自己被抛弃了。

你可以看到，他感觉不到这么多复杂的情感，他只有一个感觉，那就是"心如刀绞"，实际上是胃如刀绞，胃部很疼痛。所以，这时他就会产生极度的恐惧，大哭大闹。

在高兴和恐惧这两种相对的情绪之间，还有一个情绪，经常表达出来的就是愤怒，就是失控。小孩的情绪失控实际上也是一种简单情绪。他高兴了就乱窜、人来疯；不高兴了就倒地打滚，就撕扯，或者用牙齿咬东西、乱打人、吐口水，等等。

恐惧则是人类甚至动物最深刻的本能情绪。比如，我们走在路上迎面遇到狗，那些大型犬基本上不会冲你吠叫，但是那些体型特别小的小型犬，例如吉娃娃、泰迪、比熊，很可能会对着你狂吠。因为大型犬体量大、力气大，防御能力强，你对它构不成危险，它就不感到害怕。而体型特别小的狗，因为自身防御能力弱，总害怕别人会伤害它，所以它见人就叫，甚至还会主动攻击。

那么，对孩子来说，负责这些本能的大脑功能区在什么地方呢？主要是在"旧的大脑"中。对于成年人来说，进化多年的成果就是在人类旧的大脑之上长出薄薄的一层，叫作新皮层。人类的大脑皮层，相比于动物，既多又厚。但是大脑中的白质，就是皮层下的内部结构，主要包括纤维和低级中枢，在延髓和中脑的部位，负责眼球运动、面部肌肉运动、血压、呼吸等的中枢都在底部。这部分底部大脑就是负责动物和人类婴儿刚出生时的行为反应的大脑中枢。

通过对大脑的认识，我们能够得知，小孩如果受到惊吓就会经常发烧，这说明他的体温中枢还没发育好。

那么，如何让孩子不那么恐惧、脱离随时失控的状态？这就要让他产生复杂的情感。比如，妈妈坐在孩子旁边，用熟悉的声音和温和的语气给孩子讲故事时，孩子内心的感觉和他仅仅被逗得咯咯大笑时的感觉是不一样的。除了表现出来的高兴，他内心还多了一种舒适的感觉，这种情绪就是愉悦。

愉悦的情感和愤怒是不一样的，和高兴也是不一样的。愉悦是一种复杂情感，不是一种简单的高兴，愉悦的产生有一个复杂的过程。

如果妈妈特别爱孩子，孩子也会特别爱妈妈。到了孩子三四岁的时候，妈妈就开始让孩子自己睡。睡觉前妈妈还和以前一样给孩子讲故事，房间也非常温暖，孩子也知道妈妈不是不要他了，不是不爱他了，妈妈只是要到另一个房间睡觉。

这个时候，孩子的内心就产生一种惆怅的感觉。这种感觉并不是恐惧。对于三四岁的孩子来说，如果妈妈要让他单独睡，他就不会恐惧了，他这个时候产生的感觉是惆怅。

如果一个人小时候被爷爷奶奶带大，彼此很有感情，在六七岁的时候，如果爷爷奶奶走了，虽然他也能接受这个事实，但是因为感情很深，所以他会产生哀伤的感觉。哀伤、惆怅、愉悦等这些感情，相比恐惧、愤怒要复杂得多。

那些情绪不稳定的孩子，常常是只有简单情感的孩子。这类孩子，因为在婴幼儿时期没有经历足够的爱抚、眼神交流等情感发展的必要过程，也就没有体验过丰富的情感变化，所以他们只有简单情感，缺少了中间过渡，很少有复杂情感。如果孩子没有复杂情感，结果就是他能理解和表达的情感非黑即白，走极端，对于别人细腻的情感既不理解也不以为然。

那么哪些是复杂情感呢？除了我们前面提到的愉悦、惆怅、哀伤外，还有很多复杂情绪，比如嫉妒、忧伤等。如果我们去文学作品里寻找的话，恐怕能找到几百个描绘情感情绪的词语。

一个情感特别细腻的人，表达情感的方法也会有很多，他能够说出来、写出来。那些诗人、作家写的文字真是"人人心中所有，人人笔下所无"。看到这样的表达，我们会有一种感觉："他说的就是我这种感觉，但是我怎么就说不出来呢？"就是因为诗人、作家都是情感特别丰富、细腻的人，他们的情绪细分颗粒度比较小，所以他们能够体会别人体会不到的细微的情绪变化，也能够用文字高度提炼各种情感，因此他们能把一个特别复杂的情绪用文字表达出来。

而那些缺乏复杂情感、情绪细分颗粒度粗的人，在简单的情绪之外，体会不到太多其他的情感，所以他们的理解和表达都是直来直去的，不大会顾忌别人的感受，而且也经常情绪失控。上文提及的直男，就是这种类型的人。

那么，如何培养孩子的复杂情感呢？

父母要经常跟孩子一起玩，要陪孩子。

为什么说在孩子小时候母亲比父亲重要？因为很多母亲在跟孩子玩的时候，不只是简单地陪伴，她会在陪伴的时候不停地和孩子说话："你看那边飞来一只鸟""那个鸟有黄色的羽毛""它的头上还有一点红""鸟叫声像什么""有的鸟的叫声很像布谷鸟"……孩子虽然可能还不会说话，但他们在听妈妈一遍又一遍地重复这些话的过程中，慢慢地理解了妈妈讲的话，慢慢地能够区别出什么是杜鹃、什么是布谷鸟、什么是乌鸦，它们的样子、体型、叫声、颜色分别是什么样的。在这个过程中，孩子的体会越来越丰富，也就在内心中逐渐形成了更复杂的情感，能体会到一种爱的感觉。

当孩子感觉到妈妈是在用心陪他的时候，他的内心是宁静的、具有安全感的，这样他就能在完全放松的状态下去感受外界的多彩多姿，去接纳外界的能量，去体会妈妈情绪的细微变化——那一天的温度、那一天的阳光、那一天的颜色、那一天的气味和那天妈妈牵着他的小手的感觉。

幼年时的这些经历都会永远藏在一个人的躯体里。所以有些人平时看起来比较没感情，但只要触发了某个点，所有的感觉都喷涌而出。躯体是不会欺骗我们的，这种复杂的感觉在躯体里都是有记忆的。

因此，**在小孩失控的时候，还有一招，就是抱住他**。一个小孩处在失控的状态，就说明他的内在处于一种特别无助、特别弱小的状态；当他被紧紧拥抱时，他就觉得自己被母亲看见、接纳和保护了。

举例来说，我曾经治疗过一个 9 岁的孩子，他特别爱打人，还会冲人吐唾沫。他妈妈来找我的时候甚至没敢带着他，怕伤到我。这个妈妈告诉我："孩子太调皮了，我们把他打得很厉害。"爸爸妈妈都把他打得很厉害，所以这个孩子就更加反叛，心想"你打我厉害，我就去打别人"。

后来这个妈妈硬拖着孩子来见我，这个孩子来了以后就又蹦又跳。我把他抓住，他挣脱不了，就咬我，对我吐口水。不管他怎么闹，我都没有制止他，也没要求他，我只是温柔地把他抱住，继续跟他妈妈谈他的事。在谈话的过程中，我觉察到他逐渐放松下来。这个时候，他也发现了我们在讲他的事。我把他放开以后，他也没有离开。再后来，他可以接受我对他说话了，半小时之后，他就能够跟我交流了。

在这个过程中发生了什么呢？

其实这是他本能的情绪波动。本能的反应就是攻击或者逃跑，这是动物的反应。但是，动物和人的大脑构成不同，动物大脑皮层上的皮质很薄，所以如果一个动物被你打了，或者咬了你一次，它就会拥有这种记忆，很难被驯养、很难被改变。对于动物来说，如果在它小时候你对它好，它记住了，不管之后你怎么对它，它还是会认你这个主人，这个过程我们叫作驯服动物的忠诚。

但是，人不一样。9岁的孩子皮质开始发展，这个皮质的发展可能已进化了几十万年了。他有判断，会思考"这个人对我友好，那我也愿意建立关系"，所以人会产生复杂情感。上文提到的这个孩子的复杂情感可以在半小时内出现，当然不是归功于我的能力或者这半小时的工作，而是因为孩子自身发展的水平。他的大脑皮质承载了人类进化史上几十万年的经验，他非常清楚什么是对自己有帮助的。

那么，对人的发展来说，什么帮助最大？关系。当他能够建立关系、寻找资源，他就会安静下来，然后开始愿意待在这里，能够开始谈话，这种转变就源于从敌对关系向依恋关系的转变。

所以，对于情绪波动大的孩子，首先要让他形成复杂情感，然后要改变他的依恋模式，这就要用一些培养依恋的技巧，比如，拥抱孩子，接触皮肤，同时采用母亲般的对待孩子的方式，即接纳、陪伴、关注，包容他的愤怒和他的表达方式，在保证他不伤人和不毁坏重要物品的情况下，让他的攻击性得到一定的释放。比如，这个孩子向我吐口水、掐我等的行为，他的父母肯定接受不了，但是对孩子来说，这些行为只是他释放内心恐惧的一种方式；当他的恐惧得以释放，发现对方并没有自己想象中那么敌对之后，他就会安静下来。

第十四节　告别"我不行"，不再否定自己

■　■　■　■

本节概要：让内在小孩告别"我不行"

● "我不行"的孩子是如何培养出来的

　　○ 父母总是贬低和训斥孩子

　　○ 父母将自身的阴影投射给孩子

● 如何避免养出"我不行"的孩子

　　○ 不要对孩子说负性的话

　　○ 创造"孵化"环境

　　○ 追溯自己的原生家庭

对于有创伤的内在小孩来说，"我不行"来自父母的贬低，以及"棍棒底下出孝子"的教育。

在养育孩子的过程中，很多父母都说，不能当面夸孩子，要适当给孩子加压，让他的自尊心和自信心适当受挫，因为虚心使人进步，骄傲使人失败。

在弗洛伊德的理论里，有一个现象叫作**"被成功摧毁的男人"**。弗洛伊德说他本人就是这样的。他的父亲是个皮毛商，

对他比较严厉，所以他和父亲总是"对不上"。有一天晚上，他起来上厕所，却迷迷糊糊地走进了父母的卧室，然后把父母的卧室当成了厕所，尿在了父母的卧室里。他的父母惊醒后看到了这一幕，父亲就很愤怒地对母亲说："这个孩子将终身一事无成。"这句话就像诅咒一样，弗洛伊德后来即使很成功，但是他每每想起父亲的这句话，就会觉得自己不够成功。

也有很多人，平时学习成绩还不错，但一到重要考试就莫名其妙地发挥不好；平时成绩很好，小考试考得也很好，但是一到大考就考砸。一个同事的孩子，成绩在当地的高级中学里是全年级前 10 名的水平，可是在高考的时候，他的分数比平时的测试低了 100 分。他的妈妈在生活上将他照顾得很好，给他变着花样做好吃的，对他的陪伴也足够多，但有一点特别不好的就是对他有特别多的训斥和贬低，比如，"你怎么又做错了""你怎么总是不努力""你怎么总比邻居老王家的孩子要差"。这个孩子在父母那里几乎听不到赞美之词，也得不到欣赏的眼光。

爱利克·埃里克森是美国著名的心理学家，在青少年领域的研究特别有名，他讲过一句很重要的话："**孩子会在妈妈（父母）注视自己的喜悦眼光中看到自己。**"也就是说，如果孩子看到父母亲特别喜欢自己，而且发自内心地喜欢，那么它就像镜子一样，能照出孩子的自我价值。

有的父母对孩子的要求特别高，他们总是觉得孩子做得不够好，认为父母的夸奖和认可会使孩子骄傲自满、翘尾巴，所以他们对孩子特别严苛。在这种环境下，孩子的内心就逐渐形成了这样一种想法："不管我做得多么好，在爸爸妈妈眼中都不值一提；不管我多么努力，他们都认为我做得不够……"所以，这种孩子即使长得再漂亮，他也不觉得自己漂亮；即使成绩再好，他也不觉得自己好。久而久之，这些孩子就会形成自卑的人格，在他成年以后的生活中，可能同学、朋友、同事都觉得他长得挺漂亮的，成绩那么好，但他还是这么自卑，他是不是装的？他长得这么漂亮，他还说自己长得不漂亮，别人都觉得他在说笑话。但是他内心就会觉得很委屈，因为自己真的认为是这个样子的。

父母就像镜子一样，但是有时它并没有照出孩子的价值，反而照出了父母的阴影；父母把自己的阴影投到孩子的身上，使孩子一辈子都生活在父母的阴影之中。

那么这种阴影是什么呢？就是被贬低、自我价值感低下、自尊低下、自卑，感觉自己不如人。一个觉得自己不行的孩子，往往就是在这种严苛的教育、贬低的教育、不夸奖的教育之下成长起来的。

有人会问，如果我经常夸孩子，会不会滋长他被溺爱的感觉，养成他傲慢的性格呢？

其实**在孩子很小的时候，大概五六岁的时候，他需要的是一个"孵化"的环境**。如果他觉得他所在的环境是对他比较友好的环境，他就可以在这个环境里把自己的不良情绪释放出来。因为孩子内心的恐惧、对事情的不理解、对自己的焦虑是无法自行排解的，所以他必须投射出去。父母就是这些情绪的接收体。他们把孩子的恐惧、糟糕的情绪吸收后，还回去的是支持、鼓励、欣赏和爱意，对于这些孩子是能够感觉到的。

孩子五六岁之前是萌发"自我"苗子的关键时期，在这个时期，孩子开始具有自我意识感，觉得自己是足够好的，是足够漂亮的，他们能够得到父母的夸奖，而且他们的夸奖是真正发自内心的。当六七岁以后，这种孩子在社会中遭遇挫折的时候，他的自信心才不容易被外部挫折击垮。比如，一个孩子如果平时可以考第一名、第二名、第三名，后来在跟别人的竞赛中即使考了第五名，他也不觉得自己是特别差的。

相反地，如果像弗洛伊德的遭遇那样，犯一个小错误就被爸爸下结论说一辈子都不会有出息，这种孩子就可能一辈子活在诅咒里。所以，父母要避免给孩子负性的评价，不要说类似这样的话："你总是这个样子""你肯定不会变成什么样子""如果知道你现在是这个样子，我当初还不如……"这类话等于给孩子的整个人生打上了灰暗的底色，他一生就活在这些话的阴影里，心中总有一个声音在提醒他自己多么糟。

在孩子小的时候，父母给予孩子很多鼓励、支持和夸奖不叫溺爱，这就是孩子真实的需求。

科胡特说，我们在自恋的状态下，如果无法战胜这个外在的环境，是因为外在的环境让我们完全不懂，也不理解，所以我们只能生活在自己的壳之中；在这个壳里面，我们是国王，一切都要服务于我们，把我们孵化。**这个孵化的环境是什么呢？就是鼓励、支持，然后给予力量和夸奖，给予包容和接纳。这样，当孩子破壳而出的时候，与外在的现实进行联结的时候，他就能很清楚地区分什么是"我"，什么是他，什么是"我"的想法，什么是别人的想法。**

我们仔细观察就会发现，幼儿时期的孩子有这样一种现象：他在说别人的时候，其实往往是在说他自己。只有能够把自己的想法和别人的想法区分清楚的孩子，在跟别人交往时，当别人有负面情绪和评价投射过来时，他才不会轻易接受别人投射过来的"你不行"的信息。

所以在这一点上，我们鼓励的教育和现实中某些专家主张的挫折教育其实不矛盾。**如果在孩子比较小的时候，比如五六岁以前，父母给他的鼓励多于贬低，那么在上小学以后，这个孩子即使受到了贬低和挫折，他也有耐受挫折的能力。**所以，我觉得挫折教育应该在六七岁以后，也就是孩子上小学以后进行。因为在学习过程中，孩子肯定不能总是考第一名，肯定是要遭受挫折的。

曾经有一个来访者，他在初中以前经常能够考班级第一名，但是他在高中第一次考试就考了个第二名，因此就不上学了。因为初中以前的经历给他的印象就是，他只能拿第一名。在初中他还可以勉强维持，到了高中第一次月考就考了第二名，虽然第二名的成绩也不错，但他就因此不去上学了。所以重点就是我们要学会现实化，就是当我们不能处在第一名的时候，我们也可以接受做第二名。

比如跑步，有的世界级的运动员就最喜欢在比赛中处于第二名的位置。这个运动员说："我总是跑在第二名的位置，到最后一圈的时候，我才开始超越。"

所以，国内有个著名的心理学家的网名就叫"天下第二"，他取这个网名背后的哲学观就是"木秀于林，风必摧之，我不要做第一"。

而我们中国的教育更多的还是追求"敢为人先"或者"力争上游"。对于这种教育理念，我们要画一个问号。

因为对孩子来说，对这个世界来说，我们其实有很多妥协，第一名和最后一名都是极少数，大部分的人都在中间这一段。对孩子的教育也一样，父母只要提供一个支持的环境，告诉孩子：你在这方面是可以的，但不一定你在所有方面都是行的。每个孩子都有他"行"的部分，那么这个孩子"行"的这一部分，就可以抵消那些看起来不行的部分。

比如，有的孩子体育不好，有的孩子音乐不好，有的孩子可能数学、化学、物理不好，但是语文很好，所以某方面不好并不等于这个孩子不行。而有的父母却对孩子求全责备，如果孩子严重偏科，那么学校、父母都觉得这个孩子不行，但实际上偏科反而说明了孩子在某一方面特别有能力。

实际上，把一个孩子搞得不行的父母可能自己的内心就是自卑的，他觉得自己是不行的，所以他不允许孩子超过自己。因为他早年被他的父母贬低，所以他在教育孩子时，一方面是希望孩子特别厉害，而另一方面又在潜意识中压抑孩子。

最近看到一对父子，父亲很成功，但是孩子因为心理问题待在家里不上学。这个父亲就威胁儿子说："我不能在家里看见你，你要么去上学，要么外出打工，要么就住院。总之，在我的家里不允许有不务正业的人。"

对孩子特别严苛的父母要追溯到自己的原生家庭中，自己是不是曾经被自己的父母羞辱过，所以在潜意识中，甚至是有意识地以同样的方式羞辱自己的孩子。

父母夸自己的孩子是要有勇气的，有些父母有一种这样的意识：我的父母亲没有夸过我，我凭什么夸你呢？你看，他有一种隐含着的嫉妒心理，"我没有被父母夸奖过，我就吝啬于对自己的孩子进行夸奖"。

还有一种情况，父母从理性上对孩子的成就是满意的，是为孩子取得成功高兴的，但是其潜意识中未必那么高兴。例如，父子两个下围棋，父亲看到自己要输了，心想"你小子要超过我"，他就开始耍父亲的权威，把棋盘掀掉，甚至把孩子打一顿。这种父母就是见不得孩子超过自己。有一部很有意思的电影叫《哪吒之魔童降世》。在古代的传说中，哪吒的父亲是非常严厉的托塔李天王，但是在这部新的电影中，这个父亲对孩子就持一种支持的态度。你如果要提升你的孩子，把他变成一个"我行"的人，那我建议你去看一看这部电影。

第十五节　告别"我不配"，不再忽视自己

■　■　■　■

‖‖‖

本节概要：疗愈"我不配"的内在小孩

- 不配感的来源

  ○ 父母的蔑视

  ○ 父母坏的投射

  ○ 同胞竞争

  ○ 社会价值观和民俗习惯

  ○ 自卑心理与自卑行为

- 不配感的影响

  不配好东西，只配不好的、残次的东西

- 疗愈方法

  关系治疗关系，好关系覆盖坏的关系

‖‖‖‖‖‖‖‖‖‖‖‖‖‖‖‖‖‖‖‖‖‖‖‖‖‖‖‖‖‖

"我不配"的内在小孩是怎样来的呢？它来源于父母对孩子的蔑视。

在多子女的家庭中，孩子是要有点儿运气的，因为父母的心理也不是完美的。父母既有"好的"一部分，也有"坏的"

一部分。一般来说，父母会把他"好的"部分集中到某一些孩子的身上，将"坏的"部分放在另外一些孩子身上。而且一旦父母这样做了，这个现象可能会持续终生，这是一件特别令人悲哀的事情。

十个手指长短不一，父母对孩子的态度也是不一样的。**即便偏心的父母表面上假装要一碗水端平，但孩子们还是会知道父母的真实态度。**

父母会把"好的"部分投射给哪个孩子呢？

一般来说，老大是很有可能被父母偏爱的。虽然也有这样的情况，比如，老大是第一个孩子，父母没经验而手忙脚乱，因此讨厌这个孩子；或者这个孩子来得不是时候，比如奉子成婚，打乱了父母的生活安排，因而不受待见。但是通常，因为老大是妈妈的第一胎，一切体验都是陌生的，她会对这个孩子投入较多的感情，所以老大有可能是她最偏爱的，因此她就会把自己"好的"部分投射到第一个孩子身上。

不得不说，在中国家庭里，最受偏爱和重视的就是长子，独子就更不用说了。在最近举办的培训班里有一个学员，她家里有 7 个孩子，前面 6 个都是女孩，老七是男孩。而且她的父母之所以生这么多孩子，就是因为盼着生个男孩，所以她们姐妹几个的名字都是盼弟、招弟、引弟……你可以想象，她的父母对女孩是多么失望，所以他们把"坏的"部分全部投射给女孩，特别是后面出生的几个女孩，而将"好的"部分当然就投射给了唯一的男孩。

还有一类被偏爱的孩子，即有重病的孩子。如果一个孩子有重病的话，他会不会遭到父母的嫌弃呢？不一定。相反，父母可能会非常内疚，觉得没有照顾好孩子，所以会对这个孩子特别照顾，尽力弥补这个孩子。比如，对小儿麻痹的患儿，有的父母可能会很内疚，然后抱着孩子四处求医，希望奇迹发生。甚至医生都觉得孩子可能没办法矫治了，但父母还是会变卖房产、背着孩子全国各地跑。

上面讲了几种在家庭中最可能被父母投射"好的"部分的"幸运"孩子，那对其他孩子怎么办？

父母已经把"好的"部分都分出去了，剩下的就是不好的了。比如，我曾经见过这样一个家庭，这个家里有两个女孩，父母偏爱的是二女儿，原因是父母都重男轻女，看到第一个孩子是女孩就嫌弃她，盼着再生个儿子。虽然第二胎仍然是女儿，但因为种种原因，他们不能再生了，也就把所有盼望儿子的情感都倾注到刚出生的这个女孩身上。而从小就被嫌弃的大女儿，不但要承担所有家务，而且好吃的也都要让给妹妹。比如，吃饭时，饭中间最软、最白、最香的部分要先挖出来给妹妹留着，然后再给父母盛饭，最后剩下的锅沿和锅底的干巴的饭才是她吃的。在这样的环境里长大的孩子，习惯了最差的东西才是自己的，所以她心中的内在小孩当然就是"我不配"。

　　所以，**有的孩子之所以形成了"我不配"的内在小孩**，就是由于小时候**父母对他的态度**。因为他经常被父母指定为"我不配"的角色，所以在遇到事情和选择的时候，他们很自然地就会认为"我不配拥有最好的东西"。

　　除了父母和其他家庭成员对孩子的态度，社会价值观和民俗习惯也会造成某一被歧视的群体形成"我不配"的内在小孩。比如，在中国很多地方的传统中，家里有客人吃饭的时候，女性是不能上桌的。这在一些人看来有些不可思议，可是当地女性却觉得很自然，因为她们从小到大接受的就是这种观念，所以她们自己也认为女人只配待在厨房里、灶台边，用旁边的小桌子；女人就应该把饭菜都做好，然后退到一边，这就是她配得上的东西，但是这样的"配"就正好说明了她"不配"。社会对某个群体的定位和约束会让人产生根深蒂固的"我不配"的内在小孩。我们看到有很多女性，在工作中其实表现得很出色，但如果别人表扬她，她就会害羞地否定自己的成绩；把她推到台上讲话，她就会手足无措，非常紧张。因为她的"我不配"的内在小孩提醒她——你应该靠后。

　　另一个"我不配"感受的来源是自卑心理导致的自卑行为。比如，有个女孩很漂亮，智商很高，成绩也很好。可是她嫁错了人，大家都觉得她丈夫是渣男。我们可以看到很多类似的例子，一个很优秀的女孩嫁的人条件却一般。有时候，在很多年之后的同学会上，同学都特别不理解地问："当年那么多条件好的人追你，为什么你就选择了一个条件最不好的？"其实，原因就在于女孩自己的感觉就是她配不上那些条件好的人。

这种现象，如果追溯起来，可能就跟从小父母的打压有关系。比如，父母本来期待生个男孩，但你是一个女孩，你不是父母期待的孩子，那你的所有的优秀对父母来说都没有意义。因为，父母看到你的优秀，反而会反复想："如果是个男孩，那该多好啊！可是，你是个女孩，你再优秀有什么用呢？"所以不管女儿表现得多好，父母都不觉得这是给家里带来荣誉的事。因为你不是我想要的孩子，所以你的优秀对我来说无关紧要。父母的这种想法传递了很多的信息，比如，你不配买新衣服，你不配买好的东西，甚至你也不配有好的生活。

因此，这样的孩子就成长在一个"我不配"的气氛之中，他逐渐就会去选择他认为自己"配"的那种生活，他"配"的那种生活恰恰证明"不配"，所以他会把日子过得一塌糊涂。

举个例子，最近我跟一个朋友聊天，他说起他的妻子离开他以后，找的人一个比一个渣，甚至有犯罪前科。他前妻的职业社会地位很高，一般来说，这样的人不会去找一个有犯罪前科的人结婚，这真是匪夷所思。

这正是因为她的内心中有一个"我不配"的内在小孩一直在提醒她,"我只配这种人"。所以,这个选择对她来说是很自然的,她一定要把自己好的婚姻关系破坏掉,然后去寻找一段让她感觉到不安全、不稳定的关系。

在心理治疗中有一个名词指的就是这种情况,如果他来自这类家庭,或者小时候有这样的经历,那么"不稳定就是最大的稳定""不安全就是最大的安全",这种情况就叫作**"不稳定的稳定""不安全的安全"**,那么这种不配,也可以叫作**"不配的配"**。

那么怎样才能走出来呢?简单地说就是用关系治疗关系,用好的关系覆盖坏的关系。如果他有幸碰到一个人,这个人坚持追他,并且能够在关系之中逐渐滋养他,那么他就可以慢慢地把内心中的"不配"变成"配"。但是这种情况只有幸运的人碰得到。

比如,我有一个学生,她说她自己对婆家的亲密程度远胜于她对自己的父母。她就来自一个让她产生"我不配"感的家庭,但是结婚之后,她的先生及其家庭成员都很呵护、爱护她,再加上后来经历了养育孩子的过程,她就慢慢变得自信起来,对人也不那么尖刻,对自己也不那么苛刻了。她的转变花了多少年呢?花了 20 多年。她终于认识到,这是她父母的问题,不是她的问题。曾经有很长一段时间,年轻、漂亮的她可能都认为自己既不漂亮也不配拥有美好的生活。那么现在她认为这一切，她都值得，她都配。但是，这个疗愈的过程花了 20 多年才完成。

所以，让一个人"不配"，从小"不配"，是非常容易的；但是在他长大之后，让他从"不配"转变到"配"，找到与自己相配的那一部分、那个关系，其实是很困难的，但不是不可能。

第十六节　告别"我不好"，不再攻击自己

■　■　■　■

本节概要：告别"我不好"的内在小孩

- "我不好"的内在小孩是怎样养成的

  ○ 环境因素：没有营造一个积极、鼓励、包容的环境

  ○ 父母内心充满"我不好"

  ○ 父母的潜意识中不希望孩子好

- 攻击自己有哪些具体表现

  ○ 用刀片划自己

  ○ 文身上瘾

- 如何改变"我不好"，让我们觉得自己好

  ○ 父母的改变能给我们一些安慰

  ○ 寻找能够滋养自己的关系

有一个统计，**有童年创伤的人，对于坏的东西、对于别人的眼神、话语、话语中贬低的词特别敏感，而对于称赞和夸奖通常视而不见、听而不闻。**为什么呢？因为那些词他觉得不属于他，所以他会自动地把它们过滤掉。

其实所谓的积极心理学就是对你共情，说你好的地方。这个有没有用呢？我承认是有用的。不仅要进行挫折教育，而且还要进行鼓励教育，因为每个孩子都希望自己是被看见的、被鼓励的。但是挫折也很重要，上文提到，如果在孩子很小的时候，周围的环境让他感觉"我是唯一的、我是最好的、我是完美的"，有了这样的一个铺垫，即使稍大后他周围的环境变得差一点，别人对他的评价变低了，他也不会受到特别大的打击。因为这个时候，他已经有了思辨的能力，能够想到"我也没有那么完美，别人对我和我想的也不太一样"，然后他就渐渐具有了抗挫折的能力，逐渐能够接受"我不那么完美"。

但是，**假如一开始没有给他营造一个特别积极、鼓励、包容的环境，那么他可能就会对那些不好的词特别敏感**。首先，别人说他不好的时候，他会认为别人说得对，不是别人有问题，而是"我不好"；另外，他会自动把自己归纳为不好的那一类，不用别人归类，他就把自己归类到"我不好"的那一类。有时，孩子还会配合父母潜意识里的认同。比如，所有的父母都希望孩子好，被老师夸奖成绩好；父母也有虚荣心，希望被老师请上台向其他的家长传授经验。但是，如果这个孩子的表现没有父母期望的那么好，父母的内心可能就会特别烦恼。而当父母发狂的时候，孩子会想，"是因为我不好，所以我的父母才对我不好"。

有的父母本身就有一个"我不好"的内在小孩。仍以上文的情景为例，父母可能会因为孩子的表现不佳而责备孩子、打孩子，可是父母为什么会对此那么在意呢？因为孩子的不好让他照见了不好的自己，他把对自己的不满发泄到孩子身上。**他的"我不好"内在小孩会提醒他：我的孩子不好，是因为我不好造成的**。这种内心中充满了"我不好"的父母，因为从孩子身上照见了自己而恼怒，那他对孩子的话语就不会特别客气。他如果认定孩子不好，可能就真的对其充满敌意。

比较明显的敌意是这样的：孩子叫妈妈，妈妈不做回应，再叫妈妈，妈妈还是不做回应。虽然她肯定是听见了，但是对孩子来说，他以为妈妈没听见，等叫了第三遍的时候，妈妈就开始回应了，但是回应的全部都是恶毒的词语，比如，"你死远一点儿""你没看到我在忙吗""你叫来叫去叫什么东西""最好不要让我看见你"……当然，可能在其思绪中不会有这么恶毒，但是在母亲内心，她觉得是自己不够好，所以她对孩子的烦躁真的是无名火，是无来由的。

上文所述是意识层面的表现，但是有些父母的表现是潜意识的。比如，他的孩子成绩好的时候，他很高兴，可是心里随即又掠过一丝悲哀，"哎呀，她这么好有什么用呢，又不是儿子"。所以，有些女儿表现得再好，也可能没有好到父母的心坎上。

还有一种情况就是，**父母可能对孩子有天生的敌意**。比如，母亲小时候因为被弟弟或者妹妹夺去了母爱，所以这个母亲在自己生孩子的时候，正如阿德勒的自卑理论中提到的，母亲对孩子的态度就会与排序有关系。这时，父母表现出来的敌意就是隐含的，就是想好也好不起来。

在培训班上，有这样一名学员，她从小跟着奶奶长大，长大后才回到父母身边。她到了一个陌生的环境，和妈妈也不亲，面对妈妈也是怯生生的，而且她说话的口音、吃饭的习惯都和奶奶一样。因为婆媳关系不好，这个妈妈觉得女儿是奶奶那边的，对孩子也就不好。但孩子认为，自己的母亲之所以对自己不好，是因为母亲不喜欢自己，是因为自己不好。所以，在"我不好"的情况下，她有时候就会迎合父母投射过来的不好——既然我不好，那我就不好给你看，于是就开始调皮，跟别人打架，不学习。

其实父母在意识层面是真心希望孩子好的，但在潜意识层面，如果父母不是这么认为的话，那么孩子就有可能会接收到你的信号，你的潜意识想让他怎么样，他真的就怎么样。在现实中这种情况是真实存在的，这也就是为什么我们喜欢一个人、喜欢我们的孩子一定要发自真心地喜欢，因为孩子的内心很清楚地知道"谁对我好，谁认为我好，谁认为我是值得拥有的"，所以"如果你认为我不好的话，那我可能就真的不好给你看"。如果你认为"这个孩子怎么病得这么厉害，老是生病，烦死了"，那这个孩子就真的经常发烧、咳嗽。所以有时孩子的症状是父母指定的，有调节父母的功能，同时也是在表达，表达孩子对父母亲潜意识的回应。

可是最高级别的不好是不能对外表达的，比如，"我不好"作为孩子的防御，有的时候是为了保护父母，因为"父母认为我不好，但是我又不能因为父母对我不好而说父母的不好，那我就只能表现为不好"；还有另外一个表现就是，"我其实对父母是有愤怒的，我想攻击父母，可是攻击父母不是证明我更不好吗？那我就攻击我自己"。所以，对于"我不好"的这个内在小孩，有个话题就是**如何停止攻击自己**。

攻击自己有很多方式，比较常见的就是自残，比如用刀片划自己。为什么要划自己呢？第一，好划。第二，求存在，因为皮肤划伤后，他会有疼痛感，会看到出血。有的"我不好"的孩子，自我价值感特别低，存在感特别低，他觉得自己体验不到生命，而自残自伤的意义就在于感到了痛、看到了血，就证明自己还活着。第三，其实自残自伤隐喻着对亲密关系的一种破坏，因为婴儿早期的亲密关系是通过皮肤传递的，父母抚摸孩子、跟孩子玩，都要通过皮肤，所以皮肤既是自我保护的一个器官，同时也是一个融合的、亲密的器官。

我曾经有一个学员，她说以前她发狂时，一般都是对外攻击，打男朋友、摔东西，全都是对外的；但是最近有一次严重的发作，当时她就失去了理智，不知道自己做了什么，醒来一看，才发现把自己划伤了。

在这种极端情况下，当自己真正感觉到"不好，想要把自己消灭"的时候，把自己划伤、抓伤都是轻的，严重的就是结束自己的生命。

一位30岁的女性说，她小的时候，有一次妈妈被她气急了，抱着她就要跳楼。后来长大了再问妈妈这件事情，妈妈说当时就是想吓吓她。然后她说，当她当了妈妈以后，自己在对孩子非常不满意的时候、最绝望的时候，她就会觉得是因为自己不好，所以孩子也不好；既然这样，自己去死也不能在这个世界上留下一个不好的孩子。所以她后来明白了，妈妈抱着孩子去自杀，是因为她在那一刻真的特别绝望，彻底认为自己不好。

那么**我们怎么来帮助这些人，让他觉得自己好呢？**

首先，**一定要有一个环境**，通常，如果你希望与父母建立新的关系，这种父母也是存在的。他们变老以后，向你认错，帮你带孩子，性格变得比较温和，这多少可以给孩子一些安慰。

其次，**新的关系也特别重要，具有滋养功能的关系能够重新孵化你的亲密关系**。比如，一个有"我不好"内在小孩的女人，直到结了婚才突然觉得自己像公主，突然觉得自己在丈夫眼里很有价值，突然觉得自己的那一切不好，在丈夫那里看起来都变成了好。这时候，她内在的创伤才得以疗愈，她的生命之花才开始绽放。她的创伤可能源于五六岁的时候，而等到拥有这种滋养关系的时候，或许她已经 30 岁或者更大，所以这种方式的疗愈所需的时间通常比较长。

因此，更好的方式是主动去建立这种滋养关系。通常那些感觉"我不好"的人很少主动和别人建立亲密关系，但是，如果你一旦意识到自己有"我不好"的内在小孩，并希望能破解它，在冥冥之中，在你的潜意识中，你就会去找那个能够帮助你的人，比如治疗师、闺密；这些人会让你觉得，其实你没有你认为的那么不好，其实你很可爱。当你自己接纳了这些对你的积极评价，你的人生逆袭和命运翻转就开始了。当好的东西越来越多的时候，就会把那个不好给覆盖掉。生活中这种情况并不少见，看你自己是否有这个缘分和运气，碰到你的真命天子。你今天就可以去找找。

第十七节　学会自我释放，不再压抑自己

■　■　■　■

本节概要：自我释放，做自由的自己

- 我们是如何压抑自己的？

  ○ 有很多应该或必须做的事情

  ○ 不知道自己想要什么

- 怎样才是真正的释放自己？

  ○ 能够接受相对的不自由

  ○ 真的自我释放能让人感到如沐春风

  ○ 自我释放的过程中能够产生成就感

释放有很多方法，最为常见的释放就是言语的释放。

最近有这样一个实验，让实验参与者用最激烈的言语进行表达，也就是进行一个适当的言语释放。实验结果表明，女性会更爱说话，女性有很多能量是通过言语进行释放的。我在一节培训课上，也让学员用激烈的话进行表达。我发现有的人脸憋得通红，但就是说不出来，而且他说他的身体反应特别强烈，心跳加快，开始出汗，感觉自己说话不利索，最后仅仅说

出了 3 个字——"你放屁"。

平时压抑的人，无法自我释放的时候，他们会把压抑变成自然。我跟他做了一个练习，就是用"你必须""你应该"陈述，比如，"我必须孝顺父母""我应该准时上班""我不得不对领导点头哈腰"，诸如此类。如果让他写这些话，他也可以写一大波、一大串，但是当我让他写"我想……""我要……""我决定……"的时候，他居然想不起来，因为他觉得他做的事情都是应该做的，都是必须做的。

法国哲学家拉康提出过一个观点，他认为我们赖以思考或表达的唯一途径——语言，只是"他者"的言说。

所以，你的信念可能也是别人强加给你的。只要你用"我应该""我必须""我不得不"进行表达的，可能都是一种被"碾碎"的信念。等到你有了社会经验，有了自己的家庭，逐渐有了自己的想法，能够主动意识到"这个才是我要的""这个不是我要的""我其实也不知道我要什么，但是我肯定知道我不要什么"，这时你才开始有了自我意识。

自我意识总是特别矛盾。

有个学员告诉我，她特别烦恼，因为她的孩子开始上小学了，但老师反映这个孩子可能有什么问题，例如多动症、自闭症，言外之意就是这个孩子可能智力还没有达到一年级的水平，让她考虑要不要让孩子回幼儿园再读一年，诸如此类。

然后我就问她，你的孩子有什么表情？有没有什么事让他感到快乐？她说他玩玩具的时候就很快乐，边玩还边嚷嚷说："妈妈这个玩具太好玩了，太少了，再给我买更多点啊，我100岁也不上学。"她说她问孩子快乐不快乐，孩子说"我不上学就快乐"。

我就对这个学员说："孩子有他自己的快乐，他有自我意识，但是我们认为这些都是不守规则、不听话、不合群的表现，会给自己带来羞耻感。让孩子认识到这一点是需要时间的。"我又说："你们家长能不能有这个耐心，能够等到几岁呢？"家长说："不知道。"

一般来说，特别有幸福感的孩子也会逐渐产生自我荣誉感。埃里克森曾经说，孩子到了7岁以后，就会产生一种勤奋的感觉，产生一种自我荣誉感，认为一定要开始学习了。前提就是在这之前他已经建立起了安全感、信任感、亲密感。如果这些都搞定了，他觉得"那行了，要去搞一搞我的成绩了"。所以，自我释放的意思就是，他是不是一个真正的自我，他的自我意识怎么样。如果他的意识觉醒了，但他还是觉得和周围的环境格格不入，那么这时候他才真的需要父母的支持。

对于快乐教育，人们常说的狠话就是："如果你给他一个幸福的童年，他就会给你一个不堪的晚年。"所以，很多父母都非常紧张——到底我该不该给孩子幸福的童年呢？但也有很多人相信,如果能给孩子温暖、幸福的童年,那么他会是一个充满自信的孩子。他会与你产生充满感情的联结,不管你多老,他都不会嫌弃你,而且他还会跟你聊天、陪伴你,因为他对你有真实的情感。而且如果他有自我意识,他通常会是一个特别独立、有尊严的人。但这和传统的说法就有些相悖了。传统的说法是自我释放的代价就是孩子会不孝顺父母,变得叛逆,而且如果他的自我意识太强,经常和领导冲撞,他就可能和这个社会格格不入。但这其实都是对自我释放的误解。真正做到自我释放的人,会由于自己在人群中、在生活中特别舒适,所以变得特别真实。**所以,人际关系不好的人不一定就是自我释放的人。**

弗洛伊德的女儿安娜·弗洛伊德有个同事名叫哈特曼。哈特曼提出了"无冲突的自我"的概念。在我们的生活中处处都充满了冲突:"要不要房子?要不要漂亮的女孩?要不要拿博士学位?要不要出国留学?……"总之,在要和不要之间充满了冲突。但是哈特曼说,我们有一个自我是没有冲突的,就是保持对自然的好奇心,对自然界的无限探索。这种自我是特别自由的,就是"我"对人感兴趣,"我"就会很自然地融入人群之中,然后让人们感觉到"我"的魅力。

你在社会上有没有发现这种人:你跟他在一起相处特别愉快。你讲话他愿意听,他真的用心在听,他用眼睛看着你,你讲的任何事情他都表示理解；他能够表达自己的不同意见，但并不尖锐、张扬，不会让你感到不舒服。在表达不同的意见的时候，他给你启发，甚至让你心生敬慕，发现原来这种问题可以这样来看、这么表达。这是一个特别自由的状态，有的人就愿意跟人打交道。还有的人就愿意跟自然界打交道，变成徐霞客式的旅行家。他的旅行不是一般的旅行，你可以看到他的博客朋友圈里的照片真的拍得很好，他的文章也写得很好、很犀利，大家都很愿意看。这种人的自我是特别释放的，但他并没有伤到别人，他总是给别人启发。这种人的自我才是真的得到了释放。

那么，我们每个人怎样去寻找自我呢？有一个判断的方法就是你高不高兴。你今天起来高不高兴？见你想见的人，你高不高兴？你要干的事，有没有让你产生快感，有没有让你产生成就感，让你有没有兴趣？

自我释放、不压抑自己是不可能的，有一个绝对的词就是"没有绝对的自由"，你只有能够认可这种相对的不自由，从心所欲不逾矩，你才会变得更自由。

总而言之，如何自我释放而不压抑自己？我给大家几句箴言。

第一，没有绝对的自由，你只有能够接受现实中的一些不自由，你才能变得更自由。第二，你的自我释放，不能张扬到让别人感到不舒服,甚至受到伤害。把你的快乐建立在别人的痛苦之上,这不是真正的自我释放。自我释放是一个温和的、自然而然的、让人感觉如沐春风的状态。第三,你在自我释放的过程中会产生某种成就感,包括你有没有兴趣。你在做这件事情的时候有使不完的劲儿,很有成就感,如果处于这种状态,就说明你在释放自我。

你在释放自我的时候,会发现每天都有奇迹发生,你每天都有新的发现,每天都觉得这是新的一天,明天会更好。

第十八节　学习自我认同，不再怀疑自己

■ ■ ■ ■

本节概要：自我认同是如何产生的

- 生理上的自我认同：性别认同

- 心理上的自我认同：跟父母的指定有关系

- 社会上的自我认同：社会指定的功能

- "大我"的自我认同：跟自然建立联系

自我认同主要有3种。

第一种，出生以后生理上的性别认同。 有的人说自己是男的或是女的，这样的认同可能一出生就决定了，不一定是跟自己的性器官有关系。比如，有的人长了女性器官，但其认为自己是男性，有的人长了男性器官，但其认为自己是女性，所以那只不过是身体上的器官错位了，但是心理的认同是一开始就确定了的，这种情况就会导致特别大的自我认同的问题。比如，他拥有男性的生理特征，却因为他的自我认同是女性，那么上厕所的时候，他既不认为自己应该上男厕所，但又不能上女厕所，他的自我认同就有很大的问题。这种自我认同问题是

生理的原因引起的，他知道自己在生理上是男是女，但是他在心理上是错位的。

第二种，跟父母的指定有关系。比如父母特别想要男孩，可是偏偏生的全是女孩。因为没有儿子，父母可能也会把女儿当作男孩来养，就是给她穿中性的服装，给她剪短头发。这样做的后果往往是这个被当作男孩子养大的女孩会在自我认同上出现很大的问题。她会一直认为自己应该作为一个男孩去取悦父母，而且自己会内疚，觉得自己辜负了父母的期望。

有这种自我认同问题的人在心理和生理上其实都知道自己是女孩，但是她被父母指定为男孩，所以她在自我认同上也出现了错位。

第三种，跟社会自我认同有关系。比如，男孩就不许哭，女孩就应该笑不露齿，这就是社会指定的功能。男孩应该去赚钱，不应该待在家里，女孩就应该相夫教子，应该善良贤德、温良恭俭让，诸如此类。这就是社会、文化背景对自我认同的规定，也可能是约定。如果你认为这是一个规定，那你就会被强迫变成这个样子，但内心中其实有其他的想法。但是如果你认为这是一个约定的话，那么在这个过程中，这些认同就是自然而然地传承下来的。比如，母亲的言谈举止都是按规矩、风俗习惯来的，她也没有特别强迫你这样做，是你自己逐渐认识到社会规则之后自觉去遵守它、跟随它，那么这就变成了一个约定——我作为女性或男性角色，我愿意做这样的事情。这样就形成了在社会自我认同影响下的自我认同。

但是在这方面，自我认同也有可能出现问题。比如，有的男性可能喜欢当厨师，喜欢做裁缝。在社会认同上，他觉得这都是女人才做的事情，但按照他自己的认同，他并不认为这些事情男人就不能做。又比如，有的女性学习的专业是机械工程、空气动力学等，她可能去做一些她认为应该是男性做的事情，但她做起来游刃有余。所以从社会认同、自我认同上来讲，虽然你要遵从社会规定，但是瑞士心理学家、精神病学家荣格提出，其实每个人身上都有两种气质，一种叫男性气质，另一种叫女性气质；他还特意为此起了名字，就是女人身上的男性气质叫作阿尼姆斯，男人身上的女性气质叫阿尼玛。

一般来说，我们在早期发展的时候，女孩按照社会认同向女人方向发展，因此她的男性气质是被压抑的；同样，在男孩向男人发展的过程中，他的女性气质是被压抑的。简单地说，就是社会要求女性应该温良恭俭让，男性承担其应该承担的责任、要吃苦、有泪不轻弹，而代价就是压制了人的另外一部分。

所以，很多人到了中年以后，就逐渐感觉到他们的另外一种气质了。比如，女性生了孩子、养了孩子，事业也成功了，她有时候就觉得有更多的自信挑战父母和社会的一些规训，自己可以去做一些新的尝试。

男性也是如此，男性一向勇往直前，不易妥协，一定要争第一；但后来他发现生活有时候慢下来也不错，在家里做做饭，在老婆面前温柔一下，在同事面前妥协一下，也还不错。

就这样，他们的自我认同就慢慢发生了改变。男性身上被压抑的女性气质开始凸显出来，女性身上那些被压抑的男性气质也开始凸显出来。最后，他们的自我认同感就得到了整合，不再是社会指定的，而是自我指定的。这是心理的自我认同和社会的自我认同的统一。

还有一种自我认同感是在人际关系上的。荣格对他的病人进行了总结，他发现那些具有这样几个特点的来访者——45岁以上，知识分子，事业成功，一般对他们讲道理没有用。他们来跟荣格探讨的经常都是与自然、宗教、自己的一些奇思异想、艺术等有关的内容。所以荣格就认为，人到了一定的年龄后，其寻找的自我认同是超越人际关系的。

我们知道，这个世界世事纷扰，存在同行竞争、兄弟姐妹之间的嫉妒，以及人际关系的相互平衡、控制等，总之很多事都是跟人的关系有关的，所以这种自我认同就是生理上的、心理上的、社会上的。

最后一种自我认同，我们有时候称之为"大我"的自我认同。大我指的就是，他不再把注意力放在人际关系上，而是放在自己和自己的关系上，他向自己的内心探索。有的人会突然产生某种领悟，比如，他突然发现自己跟自然之间建立了某种联系，突然觉得自己的"天目"开了，仿佛自己在天和地之间建立了某种联系，从而更多地去聆听大自然的声音。有人把一个人获得了这种"大我"之后所产生的快乐叫作"大快乐"。

怎样才能达到这种"大我""大快乐"呢？第一点，要到一定的年龄；第二点，要有一定的阅历；第三点，要有一定的见识——见识就是多看世界，行万里路，多读书，多跟有趣的人交谈，你可能真的会产生一种更大的自我认同。我们常人通常把注意力、精力都放在了身边的凡人琐事上，关心的多是油盐酱醋茶。但是有的人，比如刘慈欣，他写的书全部是关于宇宙的，你不知道他的思想是怎么来的，他有丰富的想象，他关心的可能是火星、冥王星和海王星，思考的问题关乎人类遥远的未来。**你的自我认同在哪个级别，取决于你的眼界、你的见识。**

第 3 章
整合·活出爱与新生的自我

第一节　内在之光：寻回我的赤子之心

■　■　■　■

本节概要：寻找自己的赤子之心

- 保有赤子之心的人：家庭富有、单纯、友好

- 为何穷人很难提升自己的阶层

    ○ 需要尽全力养活自己

    ○ 被提前孵化

- 如何保持和挽回赤子之心

    ○ 商场购物：用钱安抚自己

    ○ 医院消费：在医生那里寻找母爱的感觉

    ○ 营造类似于母亲的环境

一般来说，一个人保留自己的内在小孩，好还是不好？有人说这种人是不是幼稚，是不是傻？

但是你会发现，有些孩子为人单纯，对人大大咧咧、不爱斤斤计较，因为他们可能从小家里就不缺钱，也没受过苦。在一般人眼里，这些人经常做些"不划算"的事，所以很多人认为这种人有点儿傻。但是你跟这些人接触的时候会发现，这些

人中的大多数并不像人们料想的那样飞扬跋扈、目中无人，相反，他们大多对人特别友好，遇事沉着稳重，而且特别大方得体，我们可以把这种人称为保有一颗赤子之心的人。

一个人的赤子之心，需要合适的环境孵化。我们要保持或者恢复自己的赤子之心，就要孵化自己。

在你小时候，如果父母没有提供一个很好的孵化环境，你就可能没被孵化出来，或者你虽然被孵化出来了，但是属于提前孵化，"穷人的孩子早当家"的意思就是你提前孵化了。比如，在你的青少年时期，你本该无忧无虑地生活，享受父母的爱和亲人的陪伴，可是因为家境的原因，你很小的时候就开始打工，忍受着别人的白眼，看父母"贫贱夫妻百事哀"式的争吵……这种生活当然也增加了你的阅历和人生体验，但是这种痛苦的体验和磨难，加上生活环境的不稳定，就造成了你内心中总是充满着不安全感。

那我们应该怎样保持和挽回自己的赤子之心？

我们常说，有些小时候受过穷、挨过饿的人，虽然长大之后生活富足了，再也不用担心吃不饱饭了，可是他们心中总是有饥渴感，所以他们就拼命地吃。这种现象叫作"内在匮乏感"。

上文提到，保持和恢复赤子之心的途径之一就是孵化自己。而要孵化自己，**首先就要消除这种内在匮乏感。**

对于消除内在匮乏感的办法，我们可以归纳为"购物"（shopping），包括商场购物和医院消费。

先说商场购物，我们经常说的购物狂、剁手党，他们买东西很可能不是因为需要这些东西本身，而是为了满足自己的购买欲望，最后买回来的东西很可能会远远多于自己需要的。为什么这些人买东西会买到停不下来呢？这是因为他们小时候的内在小孩有很强的匮乏感，所以长大后他们才会拼命买东西。也可以说这种人是在用钱来确认自己的内在价值感。有很多人说中国大妈最厉害，她们到国外买房、买包，非常舍得花钱；她们有钱，你也可以说她们露富，也可以说她们是在炫富。但是从心理上分析，她们说不定不是炫富，而是在用钱来安抚自己。她们四处撒钱，不过是把钱当作一个安抚自己的工具。所以也有人说，不要低估了有钱人的某些乐趣。

有一个著名的段子：有一对夫妻，奋斗了好多年，终于攒够首付买了一套海景别墅。为了还房贷，夫妻俩整天忙于工作。而家里的保姆，每天把家打扫完之后，就一个人坐在海景房的阳台外面，悠闲地喝着茶，看着大海，享受着凉爽的海风吹拂。有人就感慨，这一对夫妻这么拼命赚钱值不值得？这套房子有这么美的美景，他们享受不了，而仆人却能轻松享受。

这个故事虽然只是个搞笑的段子，但却反映了一种酸葡萄心理。首先，一个人努力工作时，他的内心是很充实的，他是很有乐趣的。什么人最有乐趣？内心充满希望的人最有乐趣，于是他努力工作的过程就是有意义的，内心就是充实的、有价值感的。所以，如果一个人总是花钱安抚自己，对他来说，在这个世界上能够用钱搞定的事情可能都是最简单的事情。

那我们如果没那么多钱，买不起海景别墅之类的大宗物品，我们怎么保持自己的赤子之心呢？到商场疯狂购物，也是一种手段。

第二个就是医院消费（hospital shopping），就是频繁去医院。

生活中有这样一类人，总是到医院去，身上这里痛、那里痛，仔细诊断后也并无疾病，但是你总会在医院里面碰到这一类人。以前的挂号费是五角钱，后来变成一两元钱，现在可能专家挂号费要两三百元钱，再贵的甚至到一千多元钱。例如有些老年人，不管挂号费多高，她们都要挂这个号，可是挂号以后她只是需要开个药。即使医院里有专门开药的便民门诊，几元钱挂号开个药就可以了，他们也不会去。他们会说："不是的，我这么多年来就找某某教授看病，我每次看病的时候，他都是衣冠楚楚的，他的风采、跟我讲话时的眼神和态度，这才是我需要的。所以不管他的挂号费多高，我都要见他。"

为什么有的人那么爱去医院？我们可以这样想，因为大部分人是在医院出生的，**医院的心理象征意义就是母亲**。医生给你量血压，摸你的脉搏，给你打针，都是有皮肤接触的，前提是你要完全信任他。

那么，医院消费和保持赤子之心或者挽回自己的赤子之心有什么内在联系呢？你去医院消费，首先要对一个医生说哪里不舒服，医生就会进行检查，量血压、开药，因此，看医生的过程就相当于婴儿寻找母亲的过程。在医院里为什么老专家要坐门诊，退休以后医院还返聘他们？因为有很多老病人是跟着医生走的。这些病人在他们熟悉的老医生那里找到了被自己的父母爱着的感觉。

有一类疾病叫作**躯体形式障碍**。简单来说，躯体形式障碍就是这类病人身上经常有莫名其妙的疼痛、不适，但反复检查都没有发现器质性的问题。他看过很多医院的很多医生，但是去一家医院就否定一家医院，看一个医生就贬低一个医生。他一开始会把医生理想化，但最后就把医生敌人化，经常投诉医生、告医院。这种情况很像一个孩子经常跟父母撒娇耍赖。

还有些人需要做按摩、足疗，通过让身体受到强烈的刺激寻找被孵化的感觉。

玛格丽特·马勒将我们的身体和母亲待在一起的阶段进行了区分。大概出生后**一个月以内叫作自闭期**，就是他自己跟外界不要有联系。出生后的一个月到半年，是共生期，在这半年里，他的身体会完全与外界进行接触，然后在环境中产生某种感受。所以，孩子刚出生的头半年特别重要，他的身体逐渐适应环境，甚至决定了他以后有一个怎样的生活规律，包括排便的规律、清洗的规律。

所以要孵化、保持自己的内在小孩，具体落实就是要看你的身体稳不稳定，是否经常发烧，是否经常感冒，是否经常生皮疹、拉肚子，每天的清洗规不规律、动作大不大……这些因素构成了你对他、对环境的基本信任度。这些因素，是孩子在成长的早期，身体和"妈妈"的关系。这里所说的妈妈是广义的，并不单指妈妈这个人，而是一个环境，我们把这个环境叫作母亲环境。

在生活中不难发现，有很多场所，特别是服务行业，会刻意打造舒适的环境，这其实就是要营造类似于母亲环境的氛围。宜家就是一个很好的例子。宜家的卖场中有模拟生活现实的场景，沙发、床、桌椅板凳都按照在家庭中的摆放方式布置，顾客身临其中会产生一种亲切又自在的感觉，心理上完全不设防，很放松。

老子讲："专气致柔，能婴儿乎？"一个人如果内心特别简单、单纯，你就会发现他呼出的气息都是香的，没什么异味；而一个心事重重的人，老是费尽心机，老是生闷气、焦虑，导致消化不好，他的口气就不好，年纪轻轻的，皮肤散发的味道、口里散发的味道都不好，这个人就很难回归赤子状态。

有时候你会发现，有的年龄大的人保养得很好，皮肤很好，没有什么颈纹，口气也比较清新，没什么异味。那么他可能真的就是有赤子之心，没有什么烦恼，或者烦恼不在心里堆积。在我们生活的这个纷繁世界里，谁没有一些烦恼呢？有的人还真的没有。

第二节　潜能·如何开发自身未知的优势

■　■　■　■

本节概要：探索未知的潜能

- 每个人的潜能都是无限的

- 潜能探索的三个阶段

  ○ 第一阶段：0~15 岁，对外探索，注意力在母子关系中

  ○ 第二阶段：15~35 岁，同伴关系、人际关系

  ○ 第三阶段：35 岁以后，向内探索，关注自身感受

- 向内探索得到的乐趣高于一切乐趣

一个人的潜能可以是无限的。

有一个模型，就是孩子刚出生的时候，像一个从蛋里孵化出的生命。海明威有这样一句名言：鸡蛋，从外打破是食物，从内打破是生命。从这句话里，我们可以体会出孵化的过程有多重要。把内在小孩形成的过程比作孵化，一方面可以让我们更好地理解上文所说的母亲环境的重要性，另一方面也可以让我们想象生命的神奇和无限的潜力。就像一个蛋，它原本只是一团蛋白质，可是经过孵化，这团蛋白质可以变出一个完整的

生命，变出肢体、羽毛、嘴巴、五脏六腑、神经系统等。内在小孩的孵化也同样神奇，同样潜力无穷。婴儿在从母体出来之后的第一个月里，虽然实际上身体出来了，但是精神上还处在自我世界里，而且外在的世界对他而言是未知的、特别可怕的，所以他的注意力是指向内的。只有当婴儿开始和外界建立联系的时候，他的注意力才会逐渐向外转移。

比如，稍大一点儿的婴儿会玩躲猫猫了，他把自己的眼睛捂起来时，其实只是他看不见别人，但他内心的感受是"这样别人就看不见我了"，这是一个向内的过程。**向内的过程，有一个很重要的指向，就是他只注重自己的内在体验。**在逐渐成长的过程中，如果能够闻到、听到、看到、摸到的时候，我们对这个世界的兴趣就会越来越大，继而就参与到对世界充满好奇的探索中。一个人的自我潜能往往存在于对外界和自然的探索中。

精神分析大师荣格把这个探索过程分成**三个阶段**。

第一阶段，0 岁 ~15 岁。在这个阶段，孩子对外探索的内容主要是"妈妈怎么样""妈妈在哪里""妈妈给我弄吃的没有""妈妈弄吃的弄得好不好""妈妈给我讲故事没有""妈妈给我洗澡，妈妈陪我睡觉"……**他对外的注意力主要存在于母子关系中。**

第二阶段，15 岁 ~35 岁。在这个阶段，他的注意力主要

在于小伙伴、人际关系。"小伙伴在哪""我今天要找翠花去玩""我明天要找小强去玩""同学约我去玩"……总而言之，就是乐此不疲地找同伴玩。不管时代怎么变，个人兴趣基本上不会变，他的兴趣在这个阶段会逐渐转向社会关系，转向同龄人。当然，社会对他的要求也越来越多，比如，学习成绩要好，参加钢琴比赛要拿奖，出国留学，结婚生子，等等。人生在这个阶段的注意力指向、表现潜能的方式都指向一个方向，就是外面的方向，比如你能不能跑得更快，你能不能赚更多的钱。

第三阶段，35岁以后。到了35岁以后，按照荣格的说法，人的兴趣和注意力开始转移，他会**对自然界更加感兴趣，对人际关系的兴趣就转向了对自然的兴趣**。比如，他会去旅行，他经常一个人待着，更喜欢看星星，去看极光，不顾一切地要去西藏，要看看雪山，甚至要去登一下喜马拉雅山。我们在微信朋友圈会看到很多人晒的一些图或者发表的一些感叹，好像都跟人没有什么关系，都跟心有关系，内心特别宁静；看到雪山、爬到顶峰，他感叹更多的是对大自然的敬畏，是对内心真正渴求的解读。这时候，他就有了一个新的转向，就是把向外的注意力又转而向内了。

那么这个把注意力由外界转向内在的时刻，就是我们之前谈到的恢复赤子之心的时刻。

荣格为 35 岁以后的向内探索起了个名字叫**自性化，就是他对纷繁、纷扰的事情不感兴趣了，转而对大自然、对某种神秘现象、对自己的身体感受、对自己内心某种灵光一现的感觉和想法特别感兴趣**。所以，这种人常常不是去旅行，就是做冥想、打坐，或者做一些高难度的瑜伽，在一些极度的痛苦之中找到另外一种自我，等等。这种情况就说明这种潜能的方向改变了。

以前我们对潜能的看法是"你能不能做出这道题""你能不能赚到更多的钱""你能不能搞定某一个人"，好像有的人的潜能就在于人际关系，有的人的潜能就在于解数学题。但是所有这些能够具体化的东西都属于形而下。但是，我们会觉得**形而上的潜能可能才是最大的，**也就是一个人的不一样的眼界。

举个例子，公司里来了两个新同事，都是年轻的女孩，其中一个长得很漂亮，每天穿的衣服也很精致，买的包都是名牌，一年有两次旅行，朋友圈里发的都是美丽的风景和精致的衣服、食物。有一次她在酒会上喝醉了，边哭边说了真话，说她把父母给她买房的首付 20 万元花完了，现在她觉得在大城市过不下去了，要辞职回去了。不久后，就传来消息，她在小城里结婚生子，买了房子，留在了父母身边。

另外一个同事长得很普通，穿着也很朴素，经常加班，工作非常努力。一年后她也辞职了，她对主管说："我觉得自己内心中还有一个出国的梦想，还有学历上的梦想，所以我准备用这一年攒的钱继续读书。"

你可以看到，在同一起点的两个人，因为眼界不同，走的路也天差地别。

到底是退一步好，还是进一步好，这正是大多数人的人生困惑。退一步可能因为结婚生孩子失去发展机会，进一步又可能因为学业而错过很多婚恋机会。

所以，我们可以看到非常多的人害怕向前探索，他们对于不确定性的恐惧和焦虑，超过了他们对探索自己潜能的愿望。他们的思维逻辑是"群鸟在林不如一鸟在手"。他们认为，探索不一定得到什么好处，还是先把握当下来得踏实。**但是，我告诉大家，人的潜能是无可限量的，你探索自我的过程也是无可限量的**。在探索自我的过程中，你会得到乐趣，你会突然有一种大彻大悟的感觉，这种乐趣可能要远远高于你在世俗中能够得到的一切物质上的乐趣。

当你对某个事物、对自然、对周围的环境有一种融合的感觉时，可能你就在某一方面大彻大悟了。

上文提到，对自己潜能的探索有两个方向——向内的方向和向外的方向。

有的人仅仅向外探索，也可以找到很多乐趣，学学拉丁舞，打打麻将，出去旅行，秀一下朋友圈，打打太极，跳跳广场舞，也可以让他得到很大的乐趣。

一个 60 多岁的女性突然发现自己可以唱花腔女高音，这种才能是世界上少有的。她在我的咨询室中唱了一首《冰冷的小手》，真的是天籁之音。她说："自从我开始唱歌剧，没有歌能够入我的法眼。"她唱歌的时候整个气场都变了，她的潜能被挖掘出来了，但是我告诉大家，这个潜能也是向外的一种探索。

如果你找到一条向内探索的途径，这种潜能能让你产生对人世的新看法，影响你对整个宇宙和对自己的看法，这个乐趣是不足以与人道的。

第三节 整合·如何与更好的自己融为一体

■　■　■　■

本节概要：如何更好地整合自己

- 了解自己的身体，明白身体隐藏的含义

- 跳出现实，和内在的自己对话

- 阅读哲学书籍

- 冥想：聆听内心的召唤

- 注意潜意识传递的信息：记录梦、解释梦

- 找到一个类似镜子的人：父母、良师益友

如何更好地与自己融合成一体？融合成一体实际上是整合的意思。所以，一个人要整合的话，可能要做到以下几点。

第一点，要能够了解自己的身体，明白自己身体发出的信号。比如，有的人老是头疼，有的人老是胃疼，有的人老是出皮疹。现在医疗条件好了，大家一旦发现身体出现不正常状况就会去医院。其实，**我们的身体出现状况，并非一定就是有了生理疾病**。内在小孩的养成，源自出生后最早期的记忆，那个时候我们还不具有语言能力。于是就靠身体记录我们最深的和

最原初的记忆。所以说身体的反应，既是带有某种意义的，也是带有某种能量的。

比如，有一个人多年患有足癣，怎么都治不好。他发现他自己有个习惯，就是一紧张就会抓自己的脚。很多年以后，突然有一天，他明白了，这其实跟他父亲有关系。他早期被父亲排斥，甚至被抛弃，因为父亲很早就离开他和妈妈并和别人重组了家庭，所以他小时候一直非常渴望被父亲看见。直到 50 岁以后，他才把持续多年的症状和他父亲的关系联系起来，结果脚上的皮癣和发痒的情况基本上痊愈消失了。

这个例子告诉我们，要去了解自己身体以及理解自己身体传递的信息。

再比如，有一个心理学家，他的父亲在 50 岁的时候死于肾癌，那时候这位心理学家大概 20 多岁。在他 50 岁那年，有一次出去玩的时候忽然梦见了父亲，他已经很多年没有梦见父亲了。于是他就赶快去医院做了身体检查，为什么梦到父亲就要去做身体检查？因为他很多年没有梦见父亲，而他父亲是得肾癌而死的。他作为一个心理学家，对身心信号有所了解，所以他抓住了这样一个信号。这次检查果然发现他的肾脏存在早期癌变。所以你可以看到他通过一个梦就联想到了自己的身体可能出了问题。因为他父亲在 50 岁的时候身体出了问题，所以他到了 50 岁的时候潜意识是警觉的。

我们通过这两个例子可以了解到，当人的身体出现病变的时候，身体也会发出信号给大脑，用梦的形式将这个身体信号传递出去。可见人的身体能量和心理能量确实是双向流动的。所以，当身体向我们传递信息时，我们当然就要去理解，并且对这个信息做出积极响应。

所以整合，第一个就是要理解自己的身体，通过一些按摩、足疗等被动的活动，或者打坐、冥想一类的主动活动，或者一些健身锻炼，呵护身体，探索身体，这是整合的前提，非常重要。

第二点，不要过于现实。很多人的注意力集在现实之中，也就是说，基本上他只在意买了多少房子，挣了多少钱，换了什么样的车子，自己当了处长没有，等等。他非常在意自己的现实，并且在现实中和他人比较。一个人的自我整合需要和自己或者和内在的自己进行对话。和内在的自己对话这件事，其实和你的金钱、你的社会地位、你的现实状况关系不是特别大。

在和自己对话的过程中，要更多地停留在自己和内在的自己对话中，而不是和现实。

我们也可以看到，有的人学术很厉害，可能也有很多赚钱的机会，但是他完全不感兴趣，他感兴趣的是读书、冥想、和大自然对话等。你可能会觉得他是"神仙"，在他身上感觉不到世俗的味道，这种人很难得。

我们有时候到终南山、到秦岭深处的太白山里去，发现有些人是受了创伤而跑过去的。因为创伤躲进深山当然可以理解，因为在遭受创伤后，现实对他来说太残酷了，所以他向内去探索。但是有的人不是这样的，有的人觉得他在现实中得到的已经足够多了，所以他的兴趣是向自己内部探索。

那么这种境界怎么达到呢？

第三点，对某一门学科或某一领域感兴趣，特别是哲学。比如，一些人就会对哲学感兴趣，当然，中西方哲学有所不同。冯友兰写的《中国哲学简史》，就将中国哲学讲得很明晰，但是通俗易懂，所以大家不妨看一看。了解一下中国哲人的智慧，然后去和自己的内在对话，这还是蛮有意思的。

怎样才能和内在的自己对话呢？除了刚才说过的，**还有第四点，一种简单的办法，就是冥想。**这种办法简单易行，你可以每天留出半小时到一小时的时间，找一个安静、温度适宜、不受打扰的地方，用自己最舒适的姿势静静地坐下就可以练习了。当你逐渐习惯了这个过程之后，你会感觉到还有另外的一个你，他是属于内在的，可能跟大自然有特别多的联结，可能和宇宙也有很多联结，可能他在你的心中早就存在，可能他就是你的内在小孩，所以你可以听到来自自己内心的召唤。不过，在刚开始练习冥想时最好寻找专业指导。

可能整合到最后，我们要战胜和要理解的是一个内在的自己。到底你是一个什么样的人？你有什么样的经历？这些过往的经历对你有什么影响？你还有哪些潜能没被挖掘出来？是不是在你的潜意识中还存在没有被发现的创造力？

第五点，要注意潜意识传递的信息。如果一个人对自己感兴趣，他有什么办法能进入自己的内心呢？第一个是要关注自己的躯体，第二个是关注过往的经历，这些经历可能会影响他一辈子，第三个是关注内在的自己，通过冥想等的引介理解另一个自己，第四个就是关注自己的梦。可以说，梦是一笔财富。我们可以简单地认为我们有两个大脑，一个大脑是白天工作的，另一个大脑是晚上工作的。晚上工作的大脑的原型就是梦的语言。所以我们如果能记住一个梦，就会觉得对它非常不熟悉，因为它的语言体系和我们正常情况下的完全不一样。可是如果你经常做梦、记录梦、分析梦，就会逐渐明白，其实它的语言是有规律的，是你可以理解的。所以记录、分析、孵化、重视自己的梦，就不会错过你自己特有的财富。

第六点，为自己找一个类似镜子的客体。比如，良师益友。一般来说，我们的镜子是父母，有的时候父母是面好的镜子，能够照出一个好的自己，就像埃里克森说的那样，"孩子在父母注视自己的喜悦的眼光中看到自己"。如果你的父母不是面好的镜子，你就需要在你的生活中去找这样的一个人，这个人能够陪着你，能够理解你，能够懂你。如果你在人生中有这样的运气，遇到了这种朋友的话，你就不要错过，他可能就会变成你终身的陪伴和指引。

要达到一个人的整合，需要的可能不止一个因素。虽然有些人，比如某些天赋异禀的哲学家、数学家、物理学家，不需要更多地跟这个世界、跟人打交道也能够很好地完成自我整合，但是我们大部分人只有在跟人接触的过程中，在和别人的互相投射和映照中，才能逐渐认识自己，达成内外统一。当然，选择和什么样的人在一起非常重要，这一点也是要特别注意的。

一个完成了自我整合的人是趋于完美的，是自信的，他对自我的悦纳程度，对世界友好和信任的态度，以及他的独立人格，都是超乎常人的。你可以看到，一个人整合的程度跟他的物质条件几乎一点关系都没有，它只和自我价值感有关系。

此外，完成了自我整合之后，**我们对失去重要的人、重要的事物，都会有更大的承受能力，我们有能力去哀悼他们。**比如父母的去世，孩子长大了要离开我们，又或者是一段好的关系的破裂或丧失。这些悲伤的事情对于一个整合的人来说，就没有那么难以忍受。他看透自然规律，能够和过去告别，能够把一些人和事内化到自己内心中。

第四节　内在小孩如何影响怀孕和生育

■　　■　　■　　■

本节概要：内在小孩对怀孕和生育的影响

- 内在小孩对怀孕的影响

  ○ 重男轻女

  ○ 对女性身份的不认同

  ○ 对孩子抱有敌意，影响孩子的生长

  ○ 创伤的隔代传递

- 内在小孩对养育孩子的影响

  ○ 断奶的痛苦和纠结

  ○ 在养育过程中表达创伤和治疗创伤

内在小孩如何影响女性生育？

这是个很好的问题，因为我们会发现怀孕跟心理有很大的关系。

如果留意那些因不孕不育而领养孩子的家庭，你会惊奇地发现有的结婚六七年甚至十几年不怀孕的人，在领养了孩子后一两年之内就怀孕了，而且这个现象还挺常见的。这说明什么？这就说明怀孕真的跟心理有关系，因为领养了孩子就意味着精神上没有什么压力了，结果就怀孕了。

如果一个特别期盼生男孩的家庭里生了女孩，这个女孩可能有各种各样的糟糕待遇。比较轻的是不被待见，遭到父母和其他家人的冷落，或者她的妈妈因为生了女孩被奶奶侮辱、虐待转而把恶劣情绪发泄到她身上；在严重的情况下，父母会把这个女孩直接送人了。

还有更为糟糕的情况。举个例子，有一个 40 多岁的女性，跟她妈妈像结了仇一样，怎么结仇的呢？她妈妈在她长大以后曾经开玩笑地跟她说："你前面都是姐姐，生了你以后，你奶奶对我也不好，我真的就想把你弄死。"她妈妈告诉她这些，可能一方面是感慨当年养这个孩子非常苦，一方面应该也是心有愧疚，感觉对不住女儿。

可是女儿听了以后，你想想她是什么感觉。这不仅仅激起了她对妈妈的仇恨，而且也在她内心中打下了对自己女性身份不认同的底色，甚至严重到她可能对于自己未来生孩子这件事也形成恐惧，对自己未来生的女儿也是抱有敌意的。也就是说这件事情会导致她形成一个对女性敌视的内在小孩。**不认同自己的女性身份，当然她就会对自己的孩子，特别是女孩抱有敌意。**

重男轻女的思想对男人来说就好吗？也不一定。那些没有被正当对待的母亲，即使有了儿子，也可能伤害孩子。**她的内在小孩就是一个不被认可的孩子**。因为她自己从小到大的感觉就是自己不被认可，所以她对自己的孩子也有一种敌意，就是"我没有得到我父母的好的照顾，我凭什么好好照顾你"。

创伤特别严重的内在小孩都是"小人"，我们说小人就是自私的、唯我独尊的。所以你可以看到，**这种内在小孩会影响怀孕，会影响对孩子的教育，有的时候这种内在小孩还会隔代传递**。

比如，有一个学生告诉我，她已经流产了 3 次，她跟丈夫的关系很好，非常担心自己以后不能生育。

她说虽然这 3 个孩子没有生出来，但是她觉得，"我能够怀孕了，我能够养孩子了"，即便没成功，她也特别欣慰。她把这 3 个胚胎都当作生命，起了名字，每一个她都配上了一个玩偶代替，也会带着这些玩偶到处旅行。

后来，有一天她跟我说："我知道了为什么这 3 个孩子我留不下来了，那是因为我妈妈也流过 3 次产。"我跟她说，第四个就能生下来了。实际上，这是与她的潜意识做的一个灵机一动的联结。

过了一年，她给我寄来了照片，还说，"你看，我的孩子出生了"。

这很奇特，对不对？她妈妈流产 3 次，她是妈妈的第四胎。于是，她用同样次数的流产这种方式来向妈妈"致敬"，也就是她把妈妈的创伤在自己身上重演了一遍。

在象征层面上来说，第四个孩子就是她自己，她把自己生出来了。她只有到第四胎才活得下来，所以这是特别奇特的心理现象。你可以看到的就是，一个内在小孩，或者说一个母亲的内在小孩是怎么样影响下一代孩子的，这也叫作创伤的代际传承。

所以我们说，对于心理上的作用，早年的创伤和内在小孩会影响女性怀孕。一位妇产科的朋友说，现在有很多年轻人不孕不育，很多都是女性输卵管的问题，当然也有子宫内膜的问题。男性的问题则主要是精子活动能力问题。他们说男性的精子在活动的时候，除了存在精子的活动率高不高的不同之外，现在发现精子活动还有一定的方式，比如，它是不是旋转式前进，因为精子要进入卵子时需要钻进去。在临床检查中发现，某些男性的精子不仅活力不足，而且运动的时候没有旋转，至于原因，可能是营养不足、压力大，等等。但除了这种外界压力，可能也还有心理的作用。

在养育方面，内在小孩的影响就更大了。比如，一个朋友对我说，在她的孩子 4 个月大的时候，她因为工作关系，要给孩子断奶。可是她的乳房出现了剧烈的疼痛，她担心是乳腺炎、乳腺管堵塞，但是去做检查却没有任何问题。她的家里人跟她说，如果她要断奶的话，她就不能抱孩子，她抱孩子，孩子就要吃，奶就断不掉。所以她就涨奶，大概涨了一两个星期，乳房痛得不得了，检查仍没问题。有一天她管不了那么多了，她又想她的孩子了，就一把抱起孩子，那一瞬间，她说她的疼痛奇迹般地消失了。她小时候也是4个月时断奶，大家要知道，那个年代给孩子断奶的办法就是在妈妈乳头上涂上碘酒或者小柴碱。孩子去吃奶吃到小柴碱，就不敢去吃奶了，因为小柴碱特别苦。那么小的孩子受到这样强烈的刺激，又不明白怎么回事，内心就会产生恐惧感。所以，她的内在小孩从此就对妈妈的乳房有这样一个认识：妈妈的乳房是有毒的。一直到她28岁生孩子的时候，这个记忆一直在。你可以看到一个内在小孩的记忆是多么顽强，可以埋在她的身体中如此之久。

当她的孩子治疗了她的乳房疼痛以后，她突然醒悟：她的妈妈曾经那样对待过她，她不应该再这样对待她的孩子。

中国民间有句老话，"月子里面的病，月子来治"，它并不仅仅是指治疗生理上的腰疼、关节疼，它还指治疗过去留在母女、母子之间的怨恨，一些没有解决的冲突和遗留下来的伤痛。**所以在养育的过程中，身体出现的各种莫名其妙的症状，既是创伤的表达，同时也是创伤的治疗。**

一个朋友告诉我，她已经给儿子母乳喂养14个月了，正在纠结要不要断奶。我说为什么已经母乳14个月了你还会纠结要不要断奶？她说："因为我14个月大的时候妈妈怀上了我弟弟，就给我断了奶。"我说："好，等你孩子 16 个月的时候给她断奶。"过了 2 个月，她告诉我，她已经给孩子断奶了，而且没有任何纠结。

你看，她之所以在给孩子断奶这个问题上纠结，并不是因为要不要断奶这件事情本身，而是在她自己被断奶的过程中感受到的"妈妈不爱我了"。这个内在创伤在提醒她：给孩子断奶会让孩子心理受伤。可是，因为她自己在 14 个月时被断奶，她就觉得 14 个月大的孩子应该断奶，所以 14 个月就成了她的一个关口。我就多给了她 2 个月，说你可以喂到 16 个月，突然一下就解开了她的纠结。

这些例子都表明内在小孩受到伤害后会影响自己生育和养育。当然还有很多历史悲剧，本书仅抛砖引玉，大家可以自己去琢磨。

第五节　青春期的内在小孩有什么特殊之处

■　■　■　■

本节概要：青春期的内在小孩的特点

- 肌肉型的内在小孩

- 有萌发的性冲动和对性的好奇

- 有很强的羞耻感

- 会产生自我认同的问题

　　一般来说，青春期的孩子常常会有一些比较激烈的冲突，在行为上容易走极端。他们叛逆，甚至可能会有某种反社会的行为，再加上青春期有一些性的萌动，这个时期的孩子特别容易情绪激动，所以这个阶段往往冲突频出。过去一些没有解决的冲突，可能在这时候再一次暴发出来。不过，只要冲突暴露出来，就有解决的办法，因此这可能也是一个解决冲突的机会。

　　哪些冲突能够得以解决呢？就是小时候那些没有解决的冲突。换句话说，**小时候有些有创伤的内在小孩，可能会在青春期的时候表现出来**。比如，小时候因为缺少父母陪伴，或者遭到父母虐待的这类创伤，到了青春期以后，在孩子已经长大、有肌肉、有自己的想法的时候，可能导致孩子的很多想法都是很偏执的。这时候，如果父母还是像以前一样管束他、唠叨他甚至打他，他对父母的这些做法就会显得特别抗拒。比如，有的父母会打孩子，到了青春期的某一天，这个孩子会突然把父母钳制住，并且表示你要再打，我就要还手了。这种举动可能会让父母突然意识到孩子已经长大了，不能再打他了。

还有的情况就是，父母有一方经常出去打牌，或者有家暴行为，甚至有外遇，孩子到了青春期，对这类事情开始反抗起来，他就变成父母中弱势一方的保护者。其实，他保护的并不是弱势的父亲或母亲，而是在保护他自己。他在弱势一方的身上看到了自己内心那个有创伤的内在小孩，在保护他的同时也释放了青春期特有的内在小孩的情绪。

青春期的内在小孩有以下几个特点。

第一个是肌肉型。有的青少年觉得自己很弱小，想改变特别弱小、自卑的自我，就拼命健身，很多年轻人的腹肌、三角肌都是在青春期的时候练出来的。

这类青少年的内在可能有一股特别强的力量，总想战胜别人，显示自己的力量，所以他特别热衷于健身，不仅要练出健美的肌肉，可能还要每天跑步、做仰卧起坐，疯狂地练杠铃，使自己的身体变得特别强大。你或许认为这样的孩子一定是勤奋、自律、阳光的。其实，**一个人如果特别执着地锻炼身体，往往是因为他内心有一个自卑的孩子，所以他想通过外形的强大、肌肉的健壮，让自己感觉好像变得更加强大**。有时候，他可能还会在外面打架，打架的时候下手可能就没有什么轻重，有时候还可能因为受别人的唆使，或者自己一时冲动，而做出一些反社会的行为。

肌肉型的内在小孩在青少年时期的表现是比较突出的，这也是"自古英雄出少年"的重要原因。这个特点如果被利用好，就会成为打好人生事业根基的黄金机会，这个特点也就得到了升华。比如，让这个特点比较突出的青少年去练武术，参加体育运动、某种竞技等。但是，如果受到某种原因的激发，他也有可能做出反社会的行为。那么这时候，我们的社会能够在多大程度上容忍这种行为，能够有多少空间给他？这是一个问题。要记住，这个年龄的孩子的一个特点就是他的行为是不受控制的。

第二个是跟性有关系的。由于性器官在青春期的时候开始发育，孩子开始有了性冲动。青春期的孩子如果受到了一些蛊惑或引诱，可能会参与一些性犯罪的活动，比如，将欺凌、霸凌同学的行为发展为性侵犯。所以在这个时期，家庭的教育是很重要的。家庭作为一个能让孩子的种种冲动平安着陆的港湾，家庭的稳定和接纳，家人的陪伴和关心，对青春期的孩子而言是非常重要的。当然在性的方面，孩子还需要有社会的指引。社会如果能对早恋有一定的接纳度，再用一些有益的活动去分散他的注意力，并加以正确引导，对孩子进行一些生理卫生方面的教育，将会起到至关重要的作用。

在青春期的时候，性的内在小孩是一个很常见的表现。这个时期的孩子，可能会有性梦，甚至可能梦中的性对象是自己班上的同学等熟悉的人，这会让他产生特别强烈的羞耻感。

这就说到了**青春期的内在小孩的第三个特点，也就是羞耻感**。每个人内心都可能有特别自责、内疚的羞耻感，并且在青春期的时候特别严重。在这个时期，孩子对自己的表现很在意，有很多东西会让他有羞耻感，比如学习成绩不好，早恋但觉得对方看不起自己，因为有性幻想而觉得自己不纯洁，第二性征的出现，等等。

青春期有羞耻感的内在小孩的存在，导致了这个年龄段一个特别典型的表现，叫作**余光恐怖综合征**。青春期的孩子如果喜欢一个人，就会总是不由自主地去偷偷看对方，又怕被别人发现，所以就总是用余光看，男孩女孩都有这种情况。但即使用余光偷偷看，他心里还是很担心自己的心事被窥破，害怕别人会发觉他的余光，甚至知道他内心的想法。

上面这种情况是担心别人发现自己余光中的秘密。还有一种余光恐怖是害怕别人用余光看自己。

这个跟自我价值感有关系，跟青春期的孩子对自己的完美要求有关系，害怕别人发现自己不完美的一面，丑的、差的、羞于示人的一面。举例来说，有个很漂亮的女孩，大概十五六岁，她总觉得自己全身都流动着气，连路都不能走了。她去了很多地方治疗，都治不好。后来有一个学过中医的比较有经验的女医生给她把脉，对她说："你的身体没有什么问题，你能不能告诉我为什么你觉得你身上都是气？"女孩告诉这个医生，她一直都是班长，学习成绩好，大家都很尊重她，她对自己也比较满意，可以说是班上女神一样的存在。但是有一天，她可能吃了红薯之类的食物，在教室里上自习的时候，她突然放了一个响屁。因为教室里很安静，所有同学都听到了她放屁的声音，大家就哄堂大笑。她觉得这件事严重损害了自己在班上的女神形象，总觉得别人看她的眼光和以前不一样了。从那以后，她变得非常紧张，每次进教室的时候都特别担心再放屁，所以她走路的时候都小心翼翼地踮着脚尖走。但是，她越是害怕，越是觉得有特别多的屁要放，老是觉得身体里全都是气。所以她就不敢走路，害怕一走路就把屁给颠出来了。

在这个女孩身上，我们可以看到这样一个典型的青春期表现：她内心中充满了女神的感觉。所以，每一个青春期的内在小孩既是特别自卑的，又是特别自大的。她的这种想法和她希望自己特别完美的心理导致了她的症状。

　　青春期的内在小孩的第四个特点，就是会在时间、性别、身份等问题上存在认同偏差或者缺乏认同感。缺乏时间认同表现为，他对时间的流逝完全没意识，比如他睡觉可以睡一天，打游戏可以打通宵。性别认同的问题就是他不确定自己是男是女，以及自己被指派的性别位置。此外还有身份的认同问题、自我价值的认同问题，比如，他要做一件事情，可是他不清楚这件事情到底要做得怎么样。也就是说，一个人在出现认同问题的时候，他对这件事情就表现得懵懵懂懂的。所以，你跟一个青春期的孩子在一起的时候，会觉得他说话前言不搭后语，做事不守承诺，常常睡眼惺忪、心不在焉，给人一种很混乱的感觉。这也是我们要去理解的，因为这就是青春期的特点。我们也给它取了个名字，叫作自我认同不清楚的内在小孩。

第六节　女人和男人的内在小孩有哪些不同

■　■　■　■　■

|||||||||||||||||||||||||||||||||||||||||||||||||||||||||||||||||||||||||||||||||||||||||||||

本节概要：女人和男人的内在小孩的区别

- 女人的内在小孩
  - 灰姑娘：离开母亲的呵护、遭受恶母的为难、得到男性的支持
  - 公主：缺少爸爸的介入、离开母亲、放弃自己的优势
- 男人的内在小孩
  - 哈姆雷特：在精神上杀死父亲，克服对父亲的恐惧
  - 孙悟空：去挑战、去冒险、反抗权威、成为真正的男人

||||||||||||||||||||||||||||||||||||

男性和女性的内在小孩有什么差别？

我们可以通过一些童话故事来理解这个问题。女人都有一个公主梦，所以可以说女人的内在小孩都是一个公主。但是还有一个童话叫作灰姑娘，女人的另外一个内在小孩就是灰姑娘了。一个幸福美好的、有稳定生活、被父母呵护的女孩，她的内在小孩就是一个公主，但是如果在成长过程中没有得到很好的呵护，她的内在小孩可能就是一个灰姑娘。

我们知道，灰姑娘没了妈妈，爸爸给她娶了个继母，继母对自己的亲生女儿百般疼爱，却将灰姑娘视为女仆。灰姑娘在厨房里干活，在厨房里的柴堆上睡觉，穿的都是破烂衣服，整天灰头土脸的，所以大家都叫她灰姑娘。其实，灰姑娘是中文的翻译，她的英文名字叫 Cinderella，意思是"未知"，就是说一个失却母爱、被父亲忽略，还被继母虐待的女性，她以后的前途，她能够成为什么样的人，都是未知的。

当然在童话故事里，大家理解的是她的现实。可是从**心理学角度看，一个女性要成为女人，必须要克服 2~3 关。**

第一关，她必须离开母亲的呵护，比如，灰姑娘的亲生母亲死了。第二关，她必须经受恶母的为难。我们现在的一些恶婆婆、继母有时候就是这种代表。当然这也说明，一个女性自己内心可能有邪恶的部分。**第三关，她必须有一个男性的支持，**可是男性有时候可能很忙，照顾不过来。所以在灰姑娘故事里，她的爸爸完全是失职的。在经过这三关以后，她才能被王子碰上，当然中间可能还有一些小小的幸运，比如，有一个小精灵来帮她，帮她把南瓜变成一辆马车，变出水晶鞋，诸如此类。

总而言之，这个故事隐喻了这样一类不幸的女孩，她们的内在小孩都有被虐待、不被理解和对自己性别身份不认同的内在创伤，她们渴望自己被看见、被欣赏，从而绽放自己的生命之花。

那么，生活富足、被父母宠爱的女孩的内在小孩是什么样的呢？

格林童话里有一个故事叫"牧鹅姑娘"。在这个故事里，有一个深受王后宠爱的美丽公主，公主长大后要远嫁另一个国家的王子。出嫁的时候，王后给了她很多嫁妆，包括可以帮公主传递消息的马和随身陪伴公主的侍女。可是这个侍女很坏，在路上逼着公主交出了她所有的嫁妆，并和她互换身份，恐吓公主不得说出实情。这个侍女就冒充公主嫁给了王子，而公主则被当作侍女，被国王派去牧鹅。后来公主的种种异常举止引起了国王的注意，国王追问出实情后惩罚了假公主，恢复了真公主的身份。

从心理学角度看，这个童话讲的是内在小孩养尊处优的女孩，在妈妈的呵护和宠爱下长大，可是离开妈妈之后的经历就会特别艰辛。这一类女孩通常有以下几个特点。

第一个特点是她的成长中没有爸爸的介入，第二个特点是她到了某个年龄一定要离开她的母亲，远行或者远嫁，第三个特点是她在自我成长路上，无法再依靠自己以前所拥有的一些优势，比如在故事中，公主的嫁妆和衣物被夺走，通灵的马被杀掉，甚至自己的身份也被掩盖。只有在失去所有的依靠后，她才会逐渐地自我独立。

我们在生活中也可以看到，有很多小时候养尊处优的女孩，在毕业、嫁人、生孩子之后，很多具体的事情必须要亲力亲为，然后她才逐渐成长为一个独立的女性；如果她一直待在娘家，躲在父母的怀抱中，可能她最后的生活也未必幸福。为什么？这种在蜜罐里长大的孩子往往很漂亮，教养很好，家境也很好，但是可能对事情的看法还停留在理想世界中，无法适应现实世界。所以，她跟丈夫的关系、跟同事的关系都不会那么好，原因就是，她的公主般的内在小孩把别人对她的照顾、对她的好都当成理所当然的，而自己却完全没有为别人奉献的意识。

所以无论是受宠的公主般的内在女孩，还是有创伤的灰姑娘般的内在小孩，她们两个人的境遇就说明了一些不同的女孩的命运。

而对于男孩来说，**哈姆雷特就是一个非常重要的内在男孩的代表**。按照西方心理学的说法，男孩是要"杀死父亲"的。

因为儿子在内心中要战胜的就是他的父亲，他的父亲最终要放弃父亲的权威，这一过程就是我们说在精神上杀死父亲的过程。这并不是在生命上杀死父亲，而是说儿子能够克服对父亲的恐惧、对权威的认同，从而成为一个真正的男人。

哈姆雷特要杀死他的叔叔，要去冒险，要摆脱色的诱惑，要战胜狂风暴雨的阻拦，最后他要摆脱温柔乡，这样他才能回到他的家乡。

一个男性要最终成为一个男人，他可能要"杀"死一些人，要离开一些人，要遇到一些困难，最后他才能成为国王。

你可以看到，中外的神话有某种异曲同工之处。在我们的文化里，还有比较重要的一个精神形象就是孙悟空。大家都知道，孙悟空会七十二变，会使用筋斗云，曾遭到过各种打压制裁，被关进炼丹炉里、压在五指山底下，你怎么折磨他，他都死不了。他经常违背师父的意愿，一意孤行。虽然他在外面经常惹事，但实际上，他做的都是好事，而且他最能够识别妖精。所以孙悟空实际上是一个男孩的内在小孩的典型的代表，调皮、聪明，是打不死的小强，勇敢挑战权威。

我们现在养育的男孩都太乖了，就是人们常说的"妈宝男"。为什么呢？其中一个重要的原因就是缺少父亲的引导。父亲的形象，甚至父亲的高压，对男孩的成长都非常重要，这就是男孩认同的模板。**当离开了母亲的怀抱以后，他就必须去家庭以外接受挑战，去冒险，去挑战规则，反抗权威，对抗父亲，最终与父亲达成和解，形成自己的经验和对世界的认识。**

所以男孩的内在小孩跟女性的不一样，总结起来就是，男孩要去探索，要战胜他的父亲，要以他的父亲为模板，最后和父亲达成和解；而女孩则要摆脱母亲温柔的怀抱。所以男女之间是不一样的，女性最终认同的身份还是母亲，虽然她有一段时间会出去探险，离开母亲结婚，但是她最后还是会回归女人的身份，回归到母亲的身份上去。

为什么女性患抑郁症者要比男性多一倍？就是因为她们的身份转换有两步，首先要离开母亲，投向外面的世界，然后再回到女人的角色，回到母亲的角色。而对于男性来说，他只要离开母亲，这件事情就成功了一半。他离开母亲后，到外面奋斗、探索，经受各种各样困难的阻碍，在这一过程中，他也就真正成了男人。

第七节　夫妻之间的内在小孩，扮演什么角色
■　■　■　■

本节概要：夫妻之间的 3 种内在小孩

- 兴奋型：父母亲过度地照顾和保护孩子

- 挫折型：愿望得不到满足、被打击

- 施虐受虐型：不稳定的稳定

夫妻之间的内在小孩还是很值得一说的。在苏格兰有个精神分析师叫作费尔贝恩，他提出，夫妻之间互动的模式有两种类型：**一种类型叫作兴奋型，另一种类型叫作挫折型**。这是什么意思呢？就是说，一个人在找他的另外一半的时候，可能会沿着父母对他的态度去找，因为父母对孩子的不同态度，会在孩子的内心形成两种截然相反的内在小孩：兴奋型和挫折型。

什么叫兴奋型？就是不管你需不需要，反正妈妈觉得你饿，她就要喂你吃；不管你是不是觉得热，反正妈妈觉得你冷，她就一定要你穿秋裤。像这种**不顾一切照顾孩子，过度地保护孩子的母亲**，就在孩子内心中形成了一种特别兴奋的母亲的形象。

这种孩子的某些冲动有可能就比一般人的要大，比如，他吃东西要吃得多一点儿，买东西要买得多一点儿，不管有没有用，先买了再说。

我们可以想象一下，**这种孩子以后找伴侣的时候，因为内心有一个悉心照顾自己的、兴奋的母亲形象，所以他可能要找一个要照顾他的伴侣。**两个人碰到一起就会一拍即合，一个愿意做事，另一个愿意躺着；一个愿意吃，另一个就去点外卖。这样的组合就比较和谐，即一方是需要照顾的，而另外一方喜欢去照顾别人，那么什么样的人愿意照顾别人呢？那就是具有挫折型内在小孩的人。在对待孩子的态度上，和兴奋型父母相反，**挫折型父母的特点就是，孩子想要什么东西，孩子的一些愿望，父母都不满足，不仅不满足，而且给予打击。**父母心里会想你要吃我偏不给，而且还要教育你，爸爸妈妈这么辛苦，赚钱这么不容易，你还在那里就想着吃。

我记得余华写的《许三观卖血记》一文，曾经描述过食物匮乏的感觉，一家人什么吃的都没有，所以爸爸就说我躺在床上给你们讲故事，然后爸爸就在那给孩子们描述了各种"山珍海味"。比如，我现在要炒一个猪肝，猪肝先加黄酒、酱油、盐，然后把它切碎，在锅里加葱炒。听到爸爸这么讲，屋子里就一片吞口水的声音。这个场景当然特别令人心酸。父亲再怎么"炒"，对于饿的人来说，对食物的想象只能加重饥饿感，所以它不是一个好的解饿的办法。

像这种情况，**如果你特别缺乏某个东西的时候，你得不到它就是个挫折，如果是别人有意让你得不到，那就更是一个挫折**。比如，父母说你这次成绩考了多少分以后，我才给你买东西，否则，什么和同学玩耍，玩手机游戏，或者是其他什么娱乐，我全部取消。这样的孩子从小到大在父母这里体验到的都是拒绝，甚至是打击。

一个内在小孩如果老是感受挫折的话，他可能内心中就觉得自己不配得到更好的。比如，在多子女家庭中，常常是老大带弟弟妹妹，父母就常常把这种挫折感给大孩子，说："你是老大，你应该让着小的；你是老大，你应该承担起家庭的责任，帮助母亲分担。"所以作为老大，他就习惯性地像照顾弟弟妹妹一样去照顾别人。

在夫妻关系中，为什么有的人在家里什么活儿都不做，而另一个人就像仆人那样拼命地做家务等，而且还可能挨骂。如果按照费尔贝恩的理论，这个现象就不难理解了。曾经有一对夫妻，丈夫的社会地位很高，是一名医生，妻子是一名护士。这个丈夫在家里什么家务都做，妻子却无所事事。可是后来妻子居然和单位的一个工人有了不正当关系，这对夫妻因此离婚了。离婚后，她和那个工人结了婚，工人的家庭关系特别复杂，她进入那个家庭后，从买菜到做饭什么事情都做。

大家对她的做法很不理解：她原来嫁给医生，有社会地位，在家里还像个公主似的什么都不做，现在嫁的是工人，倒像个丫鬟一样，什么都要做，为什么？

其实，她的内心早年是个挫折型的客体，她的父母对她是不好的，所以她就给自己"内定"了个丫鬟的角色，丫鬟是不能当公主的。有一天，她突然升级当了公主，她就会全身难受，所以她必须要改变自己的角色。怎么改变呢？她就要把自己在关系中处于丫鬟角色的情感投射到另外一个人身上，这在心理学上叫移情，即新的关系模式让她不自在，只有在旧的关系模式下她才是自己，这是件很可悲的事情，但是没办法，这就是命运！

命运是什么？就是如果你的父母没有善待你，你的内心可能会一辈子都在寻找善待你的"父母"，可是你找来找去，最终还是找到了一段和虐待你的父母一样的伴侣关系，这就变成了一个特别悲剧的结果。关系如果老是在重复，就叫作移情，只有把关系改变了才叫作社会经验。

夫妻关系中的内在小孩还有施虐受虐型。早年一个同事，在德国读博士，可是他在博士答辩前被警察抓了，原因是他妻子报警控告他家暴。警察过来询问情况，如果情况严重就要拘留他，他也就无法进行博士答辩了。他想劝他的妻子，就让我帮忙求他妻子开了门，他端了一锅鸡汤给妻子送了进去，到了第二天，两个人和好如初，他也顺利地参加了博士答辩。

那时候他确实有家暴行为，还不止一次，而且下手还挺重。有一次我们一起骑车郊游，他妻子和另外一个男同事迷了路，大家走直线先到了目的地，他妻子和男同事走了弯路，到得晚一些。结果妻子一下车，他一拳头就把妻子打倒在地，我们都没见过这个架势，男人打女人，而且是丈夫打妻子，还当着大家的面打，大家觉得完全不可思议，所以有很多人义愤填膺，劝他的妻子跟他离婚。

三四十年过去了，我现在回想起来，劝她离婚的那三对夫妻全部都离婚了，而这一对夫妻现在大概将近五六十岁了，时常可以看到他们在街上牵着手，优哉游哉，一副非常惬意的样子。

所以在创伤心理学里有一个特别心酸的名词，叫作不稳定的稳定，就是你打我，我们就吵架，只有受到威胁的时候，我们的关系才叫稳定，这是不安全的安全。比如，父母经常威胁孩子说，"你要再不听话，我就把你扔了，你要是再不怎么着我就打死你"，诸如此类。小孩经常听父母说这样的威胁的话，就形成了一个习惯：他觉得有人对我施一点虐，这个关系才叫亲密关系，因为我父母就是这样做的。所以你会发现，有酒鬼父亲的女儿以后找的老公可能也是个酒鬼；有家暴倾向的父母的孩子以后找的伴侣可能也会家暴，当然不仅仅是男的打女的，也有女的打男的。这种关系就形成了一种夫妻关系中的施虐、受虐。

还有一种情况就是，父母不是特别注意，发生性关系的时候总是当着孩子面，所以在孩子心中就形成了一个特别性感的内在小孩。

夫妻关系中表现出的内在小孩，往往能够反映出早期父母亲是怎么对孩子的，然后还把这种关系延续下来。**有好的父母当然就有一个好的关系的延续，有坏的父母，这种关系就会以创伤的方式传递下去，我们叫作创伤的代际传递。**

处于创伤关系中的夫妻看似是彼此选择结合在一起，并且两个人不一定会离婚，甚至可以一起生活很长时间，但其实对于小孩来说，当体验到父母的这种关系的时候，他内心中有个想法就是"他们还不如早点儿离婚算了"。

因为父母会把这种关系以某种方式传递给他们的孩子，而他们的孩子内心的感受是崩溃的。所以我们要去理解，夫妻关系中的这种有创伤的内在小孩在选择这种关系的时候是不由自主的，你说他们有多幸福，我看也未必，它只是创伤的延续，但是理解这一点很重要。

第八节　老年人的内在小孩会有哪些影响

■　■　■　■

本节概要：老年人的内在小孩的特点

- 疾病的内在小孩

  ○ 恐惧的内在小孩：不合作、对抗

  ○ 撒娇的内在小孩：撒娇、求关注

- 孤独的内在小孩

  亲情和天伦是解决老人孤独问题的最好途径

- 面对死亡恐惧的内在小孩

  衍生出养生行业

- 有尊严地老去的内在小孩

  能否做到承认自己的有限性

人年龄大了以后，有一些特别的情况会发生。第一个就是身体不再健康，变得衰老，并且可能伴有疾病。有一个叫苏珊·桑塔格的人说过这样一段话："其实我们每个人都有两个王国，一个叫作健康王国，另一个叫作疾病王国。每个人都喜欢待在健康王国里面，当健康王国的国王，但是迟早我们都会成为疾病王国的国王。"

换句话说，我们在年龄大了以后，一个有疾病的内在小孩就会出现。有疾病的内在小孩是怎么回事？比如，一个孩子在很小的时候，他得病是什么样的感受？首先，他要到陌生的地方，见到陌生人，比如到医院去，见到医生、护士；其次，可能还有伤害，比如打针，或者用仪器探入身体做检查；再就是和家人分离，比如医院采取的隔离措施等。虽然有疾病的内在小孩知道这些措施是在治疗你，但是却有很大的不确定性，带有侵犯性、使人痛苦，比如你可能要脱下你的衣服给别人窥探。

这样的内在小孩会有分离的意向和融合的意向，别人可以进入你的身体，还会带来强烈的羞耻感以及不确定感。这是有疾病的内在小孩的一个意象，当然在医院里也有比较好的一些意象，比如，护士在一定意义上就像代替了母亲，因为她会抚摸你，帮你量体温，打针疼的时候，她会拍拍你，说一些安慰的话。

所以很多老人到了医院里，就会撒娇，因为他在家里得不到温暖，到了医院，他就很愿意让护士来给他量血压、聊天，甚至愿意让护士、医生去检查自己的身体。所以实际上，有疾病的内在小孩有两个，一个是恐惧的内在小孩，另一个就是撒娇的内在小孩。

恐惧的内在小孩会化身为**不合作的老人**，因为他非常害怕自己被诊断出来什么疾病，会失去自主性，所以他变得特别偏执、倔强、对抗、不合作。而撒娇的内在小孩就会**天天撒娇，求关注**。

在老年的时候除了疾病以外，还有什么？还有分离。人在年纪大了以后，一些老同学、老朋友，病的病，死的死，经常面临生离死别。到了六七十岁以后，可能很多人就不想再参加同学聚会了。因为每参加一次，就发现又有一些同学离开人世，而且自己也逐渐行动不便。所以慢慢地，内在小孩的孤独感就出来了。这个也是小孩常常有的一种感受，每当他自己要去上学、父母离开时，他都会有这种深深的孤独感。而**老人因为生活圈子的日渐萎缩，他的内在小孩的孤独感会更加明显**。

怎么疗愈这种孤独感呢？在过去，人们住的是几代同堂的四合院，这种形式能够疗愈这一部分孤独感。但是现在，几代同堂的情况几乎不复存在，特别是在城市里面。现在常见的变通办法是父母和儿女在买房时买在同一个小区或者相距不远，孩子坐月子的时候，还是由母亲过来照顾，或者是由爷爷奶奶或者外公外婆来照顾孩子，老人生病的时候，儿女照顾起来也方便。

而西方文化从心理治疗角度讲，认为个体应该从原生家庭中分化出去，否则就是分化不良。可是从中国传统文化的角度来讲，所谓的家庭是一个单位，确切地讲，核心家庭加上原生家庭才是一个单位，而不是仅有小夫妻的核心家庭。

在中国，父母照顾儿女的孩子，然后儿女照顾父母，给父母最大的快乐是什么？现在有很多老人说，"我终于等到自己退休的年龄了，我要出去旅游，我不要帮你带孩子，我们已经带了一辈子的孩子了"。但实际上，你会发现，只有在看着自己的后代成长，培养跟孩子的关系，在照顾孩子的过程中，才能形成亲密关系。从这个过程中获得的乐趣是很大的，当然不是所有的人都同意，但是就消除老人的孤独感而言，旅游交友、业余爱好都抵不过亲情。所以我们会觉得，可能**亲情、天伦是解决孤独的内在小孩的最好途径**。

老年人的**第三个内在小孩就是对死亡的恐惧的内在小孩**。随着年龄的增长，老年人身体越来越不好，听到的死亡的消息越来越多，自己可能也真的诊断出了一些疾病，因此可能会梦到死神，会从周围的一些信息中嗅到死亡的气息。所以，有些人开始出现一些对抗死神的做法，就是所谓的养生和保健。买保健药品，买保健仪器，买各种药物，实际上都是花钱买安慰。

比如，我的一个朋友的妈妈，退休金还比较富裕。有一次他就发现他妈妈花三四万元买了一堆保健品。虽然可能很多她买回来的东西大都没什么用，但是有一点是有用的，那就是她的心情。

因为你没办法解除她对死亡的恐惧，但她买这些东西以后，就感觉好一些。所以实际上她是在花钱治疗她的死亡恐惧。

如果一个人对死亡恐惧，他总要去做一些事情来缓解，而且你还不好说他做得无效。从某种意义上来说，他在这个过程中，可能还获得了一定的乐趣，增强了人际交往。**他们形成一个群体，这个群体有自己的信念，而且大家在一起这件事本身，也可以对抗对死亡的恐惧。**

所以回过头来讲，如果你作为子女没有时间陪伴自己的父母，就不要怨外面销售养生品的那些小伙子、小女孩。他们之所以能够销售这些东西，是因为他们比你还了解你父母的身体状况和心理需要。

步入老年以后，除了前面说的疾病、孤独和怕死这样的一些内在小孩以外，还有什么样的内在小孩会出现呢？ 那就是要有尊严地活着的内在小孩。

步入老年的人，已经经历了人生，已经有生活体验，有自己的后代，也有自己的工作，他是否能够接受自己退出历史舞台？我们可以看到有些老人坚守岗位，一直返聘，在领导位置上不下来，或者虽然已经下来却仍要干预别人的管理。从表面上看，这些老人非常励志，德高望重。但从另一方面来看，如果在漫长的人生舞台上已经找不到自己的价值，老人就会觉得或者担心自己活得没有尊严。这时候的内在小孩就需要承认自己的自我价值，保护自己的尊严。**因此，不是说老人就一定要退出社会和历史舞台，而是说他自己要在内心中承认自己的有限性。**

德国的一家精神病医院中有一个单元里住的是症状比较轻的阿尔茨海默病病人，这类病人的症状主要是遗忘、健忘、记忆障碍，但是他们有社会功能、生活知识。他们又在医院旁边建了一所幼儿园，目的是让这些患有轻度阿尔茨海默病的老人可以和幼儿园的小朋友一起玩耍。这个办法既可以刺激这些病人的记忆，延缓他们的记忆力衰退，还可以让他们把生活经验跟孩子在一起分享，指导孩子和保护孩子。

因为当一个人老去的时候，他就渐渐失去了和世界的联结，怎样才能够帮他建立联结呢？就是在现实中送她一个孩子。

上述这家医院这样解释他们的做法：由于年龄大了，开始出现阿尔茨海默病症状，那些病人就要退出历史舞台了，可是我们把儿童送给他们，这样他们可以和儿童待在一起，并且他们还有一定的能力去教育孩子。

而在我们中国的传统家庭里，生活在那些三世同堂、四世同堂，甚至五世同堂的大家庭里，加上中国传统的父父子子的纲常道德约束，老年人基本上不担心自己活得没有尊严。

第九节　职场关系中的内在小孩

■　　■　　■　　■

本节概要：职场中的内在小孩有什么特点及如何应对

- 职场关系可以分成 4 类

  - 分别在 AB 两端：特别远的关系

  - 陌生人关系：比如快递小哥

  - 同事关系：比陌生关系近一点

  - 亲密关系：办公室恋情

- 职场中类似兄弟姐妹的关系

  - 老大：入职时间较长，年纪较长

  - 批判者：总是挑刺，不受欢迎

  - 跟班：干活的，比较安于现状

  - 败家子：有很多负能量，尽量远离他

  - 宠儿：深受老板喜欢，地位无可比拟

最后我们来探讨一下，如何理解和应对职场关系中的内在小孩。

在心理治疗的领域里有一个很重要的名词叫作**移情，移情**

的意思是过去在你的成长过程中，父母是怎样对你的，你就会把这种关系用到以后所有的人际关系中，包括职场关系，比如职场中的撒娇、办公室罗曼史，或者一些老板对员工的控制，或者员工对老板有过多的理想投射，把他们当父亲或者当母亲一样……这些超越工作范围的情感关系，都是把自己和别人的工作关系拉到了过去和父母之间的关系中。

通常来说，职场中的人际关系应该是在现实层面的，但是如果在和同事相处的过程中，你的内在小孩，而且是有创伤的内在小孩在起作用的话，你在职场中的关系就不再单单是发生在此时此刻的现实之中，而常常是被代入到过去的某一时刻之中。你可能把你的老板当作你的父亲，你觉得他应该把你当作女儿；在同事之间进行工作交流的时候，你会有在家里和同胞竞争的感受，因此出现特别强烈的这种感觉和破坏性的竞争心理。这当然对职场生涯是有损害的，会影响你工作能力的发挥，还可能会破坏很重要的项目等。

对于办公室关系，我们把它分成 4 类：**第一类是特别远的关系，**两个人好像一个在 A 端，另一个在 B 端；**第二类是陌生人的关系，**就是那种虽然接触很多，但又毫不相关的，比如业务员、快递小哥。在抖音上有这样一个段子，打电话的人说："哎，你在哪里？你不要这个样子，你要照顾自己的身体，我每天给你打几十个电话都找不到你。"接电话的人就说：

"哎，你到底是谁？"对方说："我是送快递的。"也就是说有些同事之间打交道也不少，但两人都是例行公事，没有情感联结，从而形成"熟悉的陌生人"的关系。

第三类是在工作中更近一点的关系是同事关系，就是由于工作关系每天在一起，彼此间比较熟悉，熟悉彼此的秉性，甚至还知道彼此家里的情况，所以同事关系是比陌生人的关系更近一层的关系。在比较近的关系中就容易出现所谓的移情，在能够移情的关系中，内在小孩就容易被激发起来。

所以我们有时候会误以为自己喜欢上了某个人，希望发生办公室恋爱，但实际上在很多情况下，你只是把他当作了自己的弟弟或父亲，或者他把你当作了自己的姐姐、妹妹、母亲，这只是一种关系的再现。

如果你在成长过程中是没有被照顾过的，当在工作中有一个人来照顾你的时候，你就会觉得特别温暖，你就愿意跟他亲近，这时候你们就进入了**第四类关系，那就是亲密关系**。亲密关系包括孩子在成长过程中和父母形成的关系、夫妻之间的关系，还有些特别亲密的关系源于早期的母婴关系。孩子很小的时候，母亲照顾他，天天给他清洁、喂他、陪他睡觉，这是亲密关系的原型。

中国人崇尚"君子之交淡如水"，更何况是在职场中。如果在职场中关系太近，就容易拉帮结派，形成小团体。在碰到具体的事情的时候，不同团体之间会出现一些冲突。所以职场关系最好不要糅入太多私人感情或形成帮派。

在职场中最常见的一种关系，就是类似兄弟姐妹之间的关系。也就是说，在职场中大家都在上级的领导之下，那么大家就是平等的，可能有先来后到，可能有岗位上的一些差别，但是相较大老板来说，他们在私下经常是更接近兄弟姐妹的一种关系。**而在兄弟姐妹关系中，不同的人又会有不同的角色**。比如，兄长可能代替父母去管理比自己小的孩子。所以在团体中，有一个人可能会被视为"老大"，大家有什么事都会找他商量，有什么事都会跟他去倾诉。

职场中的"老大"有几个特点。**第一个是他入职时间比较长，资历老**，这是大家比较认可和尊重他的一个原因。**第二个可能是他的年龄稍微大一些**。**第三个是他可能跟老板的关系比较近**。在单位中，老板一般是见不着的，但是老大是经常可以见到的，所以老大是一个很重要的人物。

第二种角色，我们称之为批判者。在家里常常有一个刺头，他对这不满意，对那也不满意。这种性格的形成可能是因为父母不待见他，他就通过这样的方式引起父母的注意，由于他得不到爱，所以他就用让别人讨厌的方式来引起注意。职场中的批判者的主要表现就是他在团队里不合群，不是说他脱离团队，而是每当团队有什么事的时候，他都跳出来提意见，说这个不好，那个不好，给人的感觉就是他是个刺头，不招人喜欢。其实这一类人因为得不到爱，所以他的内心是比较脆弱和自卑的，但会以刺头的角色出现。

在职场关系中，为数最多的角色是跟班。这一角色又包括三类人，第一类叫作跨世纪人才，就是上司特别重用和关注，所有的资源都向他倾斜；第二类是技术骨干，职务上可能是科主任。那么其余的大多数员工都是像砖头、螺丝钉这样各司其职干活的，这一类人一般安于现状，每天按时上班，完成规定的工作。你若想要求他加班，或者希望他做出什么特别大的贡献，他其实不是特别愿意，他工作的目的就是赚份工资养家糊口，所以工作主动性不高，我们把这种角色称为跟班型。

在兄弟姐妹型的职场关系中还有一种角色就是败家子，这类人为数不多，但他带有很多负能量，可能自己的个人生活也不是特别幸福，对人也不是特别信任。这种人在团队里虽然可能明着不说，但总是暗地里"搞事"。这些人很可能还有某种特殊的资源，比如他是某个上司的亲戚。对于这种带有负能量的人，就是要尽量远离。

还有一种特殊的角色，就是老板的宠儿。这个角色类似于家庭中的老幺，总是受到特别的偏爱。他可能有特殊背景，比如是老板的亲戚、熟人，或者是公司上级部门的亲属；可能来自名校，也可能因为办事得力，总之深得老板的宠爱。如果工作团队中有这么一个人的话，他往往有直接的通道可以和老板沟通。大家很可能很嫉妒他，但是这种人一般比较聪明，能够讨好大家，跟大家打成一片，他的优势几乎是无可比拟的，所以大家尽量善待这类人。

你可以看到，在职场关系中，处在这些关系不同角色位置的人，可以通过移情的方式将家庭中兄弟姐妹之间的关系投射在职场中。总的来说，我们要去识别职场中这种同胞竞争型的关系及关系中的不同角色。只是由于现在大多数家庭是独生子女家庭，有些人对这种关系没有太多体会，在以前大多数家庭有四五个、五六个孩子的时候，大家对这种情况都深有体会。

老大是谁？老二、老三是什么感受？老幺会有什么样的待遇？中间还有一个刺头是家庭的背叛者。在职场中，由于职场的人数众多，所以只能呈现一个类似于家庭关系的排序：老大、老二、老三。老大是管理者，代表父母；老二代表夹心饼干，代表着顺从，要扮演服从的角色，但是有时候会耍些小心眼；有一个得宠的类似于老幺的角色，还有一个总是挑刺的背叛者的角色。

识别职场关系中的这些人，利用这些关系，在这些关系中打造有利于自己职场发展的关系氛围，对于给自己铺平一条职业发展道路是很有帮助的。

第 4 章

结语 & 答疑

结语

■　■　■　■

我们可以看到，一个人的内在小孩，特别是有创伤的内在小孩，会对一个人的一生和人生的方方面面造成极大的影响，甚至可以说一个人的内在小孩决定了他的命运。

或许看到这里你会有疑问，怎样才能疗愈有创伤的内在小孩呢？实际上在心理治疗中，疗愈是通过这样几种方式进行的。

第一种方式，就是直接解决问题。比如，一个人要自杀了，你当然要阻止他自杀，一定不要让他自杀，这是直接解决问题；**第二种方式，就是管理问题**。一个内在小孩老是哭哭啼啼，跟人撒娇，甚至自残，是因为他内心有诉求，但是他一时半刻也解决不了，所以要管理这个问题。

我们也讲了很多疗愈内在小孩的办法，比如，躯体治疗、表达治疗、识别关系，但是最重要的还是大家在了解了内在小孩概念以后，提高对内在小孩、对内在世界的识别能力。

我们疗愈自己的一个很重要的办法就是了解自己、理解自己、理解某种关系，这才是最大的疗愈。有一些事情我们理解以后就不会那么害怕。举个例子，你在飞机上，飞机突然颠簸了一下，你感到非常害怕，后来你知道只是因为碰到了高空气流，飞机才会颠簸，你就不那么害怕了，这是因为你了解了它。对于种种心理现象也是这样，对于内在小孩也是这样，从不了解到了解，你能变得更从容。这个认识过程本来就是最彻底的疗愈过程。每个人都是在自己的内在小孩的成长过程中，不断地调整自己，发展新的关系，开拓新的领域。一个关系，如果仅停留在过去，那就是一个重复的关系。如果重复的是一种创伤，就会让人一直受创下去。可是如果这个关系在发展过程中，开始产生新的领悟和体验，那么这个关系就变成了你的经验。

祝愿大家能够拥有一个健康的内在小孩，识别自己曾经有过的创伤，并通过疗愈创伤获得新的生活经验和新的领悟，带着健康的内在小孩踏上更加美好的人生之旅。

答疑 1 · 母亲的回归，任何时候都不晚

[问题 1]

请问施老师，孩子在多小的时候，家长可以无条件满足他们的要求呢？这个有没有年龄界限，或者有哪些标志性的行为？如果成年了，内在小孩还是"上帝"的感受，会怎样呢？

荣格曾经对人的成长阶段做了划分：0~15 岁是母亲阶段，15~35 岁是父亲阶段，35 岁以后就是自行化解。母亲阶段主要是指你的孩子的生理发育从第一性征到第二性征，他的发育还是不成熟的，所以他需要母亲般的照顾和陪伴，这个时间比较长。

我们现在看到有的人在孩子初中时就把孩子送出国，有的是在孩子高中时送出去。实际上这个年龄的孩子正处于非常敏感的青春期。**从婴儿到幼儿到儿童，然后到青春早期、青春期，这是一个极其敏感的阶段。这个阶段是孩子形成世界观、进行生理发育的时期，而这两个方面的发展往往并不平衡。换**

句话说，在孩子的内心中，他的内在小孩和他的身体成长实际上是不一致的。可能某一方面在不同的时刻起了主导作用。

我们可以说内在小孩永远存在。即使你只是早年让他有了创伤，这个有创伤的内在小孩也永远存在，所以我们要小心翼翼地孵化和照顾内在小孩。

荣格的成长阶段划分可以提醒我们，做父母的从孩子出生一直到孩子青春期结束，都应该悉心照顾这个孩子，小心翼翼地呵护他的内在小孩。其实这个孩子没有提什么条件，他只有一个条件就是爱。所以，我觉得如果你给予孩子足够的爱，在爱的前提之下，很多事他都是可以接受和接纳的。

那么有人就担心孩子会不会恃骄，也就是说对孩子的需求无条件满足，会不会让孩子变得要求特别高。也有人会问，这是不是溺爱孩子？如果一个孩子得到了适度的爱，这份爱让他觉得很舒服，对他来说是有界限的，是包容的，那么这个孩子以后就不会无边地索取。相反，那种对父母无边索取的孩子，实际上他的内心并没有得到满足。

那会有什么标志性的行为呢？举例来说，一个5岁的男孩看到妈妈给妹妹吃母乳，他要求摸妈妈的乳房。妈妈就很纠结，儿子已经5岁了，他这么做不是小流氓吗？我喂奶是喂1岁以内的孩子。我就问这个妈妈，这个孩子摸你的乳房，你是什么想法呢？她说，她就是觉得有点不舒服，觉得孩子大了不应该这个样子。

可是从内在小孩的角度来讲，他可能是在嫉妒，因为他已经忘记了妈妈的乳房给他的感觉。可是看到妈妈喂妹妹的时候，他又回忆起了那种感觉。我问这个妈妈："如果你把这个5岁的孩子当成1岁的孩子，你会怎么样？"这个母亲就尝试给5岁的孩子吃奶。可是这个孩子被允许吃奶后，他就开始进一步索要，提出条件，"妹妹的玩具我也要""你抱妹妹上厕所，你也要抱我上厕所"。这个妈妈就有点后悔听了我的话。可是妈妈抱他去厕所，抱了一半有点抱不动了，然后这个孩子突然就说"你把我放下来，我自己上厕所"。这一刻妈妈就觉得她前面的让步、包容是完全值得的。当孩子得到了母亲的爱的时候，他就达到了和年龄相符的心智，但是在和妹妹竞争母爱失利的时候，他的心智就退化到了婴儿状态。当妈妈把他当作1岁的孩子来包容、照顾和疼爱的时候，这个孩子突然一下又恢复了5岁的心智，因为他知道他并没有失去妈妈的爱。

有一些依恋性行为的标志，比如一个早已不再尿床的孩子，又开始尿床了；一个可以走路的孩子，要妈妈来抱；一个不吃奶的孩子，要摸妈妈的乳房；一个吃饭吃得好好的孩子开始吐饭、不吃饭，这些行为我们都叫作依恋性行为，这些行为标志着这个孩子又重新退回到婴儿阶段。

如果成年以后这个孩子还有"上帝"的感受，那么有几种可能性。

第一种可能性就是他自己内心特别自卑。早年的经历让他觉得没有人帮助自己，那"我就自己帮助自己吧"。所以凡是自己处于"上帝"状态的人，从周围的环境中是得不到支持的，这是一个因果互联的关系。因为早年没有得到足够的爱，所以他只好把自己变成"上帝"，"上帝"不仅能够爱自己，还能够去控制别人，这是一个因果关系。

第二种可能性就是他的这种自恋性行为，使大家不愿意跟他玩，所以他现在的人际关系越来越差。

对于自恋的人，弗洛伊德认为是没办法治疗的，因为自恋的人不跟别人建立关系。不过后来研究自恋理论的科胡特提出，如果你让一个人处在理想化的状态下，虽然他还是拥有一个"上帝"般的内在小孩，但他在内心中还是与他人有关系的，不是与他人完全隔绝的。所以，他也可以发展关系。

不过你跟自恋的人在一起，跟具有"上帝"感受的人在一起，会很难受，因为他不把你当作正常人，而把你当作他的臣民，当作蚂蚁，当成虫子。所以治疗师在治疗自恋型的人时，的确会比较困难。

[问题2]

可是我已经长大了，早就不再是 3 岁的孩子，是不是一切

都无法挽回了？

英国精神分析师、儿科医生温林科特提到，孩子会因为和母亲的分离产生极大的焦虑，但是母亲的回归能够瞬间治疗这种孩子因丧失母亲而产生的焦虑。

所以你可以看到，一个孩子看到妈妈出门走了会哇哇大哭，哭完了还会一个人闷闷不乐。这个孩子可能还不懂得妈妈是出去上班了或者有事，而觉得妈妈是抛弃自己了。可是等妈妈回来的那一刻，他还是张开小手扑过去，变得很高兴，而且一副心满意足的样子。

我曾经看到一个这样的妈妈，她出去打拼的时候孩子还很小，等她发觉孩子有问题的时候，这个孩子已经 18 岁了，身高有一米九。她决定陪着孩子睡。她去买了个超大的席梦思，这个 18 岁的孩子看到母亲回来高兴得像个小孩，在席梦思上跳啊跳啊，这个妈妈惊呆了。你看，一米九的孩子，已经 18 岁了，因为妈妈给他买了一个大席梦思，因为妈妈要陪伴他，就高兴成这个样子。

我要说的是，**母亲的回归，任何时候都不算晚**。大家可以去看一部印度的电影《雄师》。大概的意思是，一个孩子的妈妈很穷，家里有个哥哥，有个妹妹。这个孩子五六岁的时候被火车载到 1600 千米以外的地方，从印度到了孟加拉，和家人失散了。后来这个孩子被一对澳大利亚夫妇领养。25 年以后，他从网上搜到了他出生的村子，然后回去找到自己的妈妈。在找到妈妈的那一刻，这部电影达到了高潮。不管养母条件多么优越，他始终记着他童年的时候，家庭虽然很贫困，但是有对他非常挂念和照顾的母亲。这份母爱算起来也失去了25年，另外一个母亲照顾了他25年，可是他还是回到了原来的母亲那里。母爱的回归，任何时候都不嫌迟。

[问题 3]

赌博成瘾也是缺爱的表现吗？

赌博是不是也是缺爱的表现？也是，也不是。成瘾行为有两种，一种叫依赖，另一种叫成瘾。依赖常常是心因性的，那么成瘾基本上就是物质性的。有的人喜欢赌博，他这辈子就是一个烂赌徒。他的赌性是天生的，是他的大脑结构决定了的，你没有办法改变他的大脑，他为了满足赌博的这种冲动，什么事情都干得出来，这一类人缺不缺爱都会去赌博。在这种情况下，生物学禀赋在起主要作用。还有些赌博的人是因为缺爱而产生赌博的行为。他会说，如果我依靠一人了，这个人可能并不能让我信任，给不了我爱和安全感，那我一定要找一门技术，这门技术是我可以掌控的。比如，赌博对他而言可能就是一门技术，因为在赌博的过程中，他可以操纵，可以获得，当然也有可能失去。在赌博的过程中，他的心理感受跟与人发展关系是一样的，但是他跟人发展不了关系。所以，可能他将缺乏的关爱变成了对赌博的爱。但是他在与人的关系中，在与赌博的关系中也往往都是输家。

有一部分赌博的确是因为家庭环境缺乏爱所致，但并不是全部。

[问题 4]

以前的我是典型的关系破坏者，想要陪伴，结果却把对方推走了。现在我看到了这点，可是对亲密关系还是渴望更多陪伴，该怎么发展起来呢？

成年人的依恋关系有 4 种。

第一种叫作安全型，就是把对方作为一个人，也作为一种关系内化到内心中，所以他不是特别担心对方会离开自己，给对方充分的信任，两个人之间有彼此的秘密，也不太轻易去打探对方的隐私，这就是安全型。

不安全型有两种，一种类型叫作黏滞型，就是"我特别喜欢有人陪我，然后我天天都要黏着他，看着他"。但是，他只是要看着他，而没有办法把对方作为一个抽象的人，一种想象放在自己心中，而是他一定要看到他，摸到他的皮肤，闻到他的味道，才舒服。所以，他就像小时候跟着父母上街的怯生生的孩子，还要牵着手，拉着父母的衣裤，要确定看到父母。对于这种害怕失去的内在小孩，我们叫作黏滞型的依恋关系。

另一种类型叫作害怕型，害怕型实际上和黏滞型是一样的，即很渴望亲密关系，但是我又不能信任亲密关系，因为亲密关系随时会抛弃自己，"所以我把衣袖拉得再紧都没用，我一睡着，他就跑了"，这种关系就会演变成害怕型。害怕型有个特点就是"作"，明明好好的关系，他肯定要把它搞坏。你是不是不爱我了啊？你刚才眼睛往其他地方看了一下，你是不是看上其他人了啊？你这几天对我不理不睬的，你肯定不爱我了。在关系亲密的时候，他一定要把这段关系断掉。他内心的理念是，如果你要抛弃我，那还不如我先抛弃你。

当然这种关系要么就特别近，要么就特别远，但是远的比近的要强一些。因为这种人虽然渴望亲密关系，但是亲密关系对他来说就是个灾难。所以我们可以看到，一些人经常和别人相处很短时间就分手，因为恋爱的时候一亲密起来，他就要分手。我们将其归为"作"的这一类型。当然对这一类型的人，也还是有人能够包容。比如，那种特别宽容大度的丈夫，不管妻子怎么作，他都接得住，慢慢地妻子对老公产生了充分的信任，就从不安全型变成了安全型。再加上如果她自己当母亲了，形成了与孩子的稳定关系以后，她可能就慢慢地被治好了。从早年的不安全的关系，到成年的安全的关系，成功转化比例还是比较低的，大概只有 20%。

答疑 2 · 用现在的自己安慰过去的自己，才最有力量

[问题 1]

感觉我的亲密关系中的另一半就是这样，既自卑又以自我为中心，我该怎么对待他，或者说该怎么跟他相处呢？

对于既自恋又自卑的人，很显然要小心翼翼地保护他的自尊和自大。比如，他夸夸其谈地说了一件事情，有现实感的人就会去戳穿他的谎言，说："你说的不是事实吧？你明明不是这个样子的吧？"但是，对这种人你要给他一个包容的回应，即提供一种母亲环境。可以这么说，自卑的或者是自大的人，缺少的就是一个爱的环境。也就是说，不仅仅是母亲要在场，而且母亲的这种氛围也要在场。小孩为什么要自大，恰恰是因为他自己太弱小，所以他就把自己伪装成一个特别威严的、高大的、无坚不摧的状态。他对事物的理解是有偏差的。孩子对事物的理解容易有两个特征，第一个就是有扭曲，第二个就是

有夸大。所以你跟他讲了一件很小的事情，他可能会放大，你跟他讲了一件事情他没听懂，他会扭曲这件事情。这样的放大和扭曲就构成了自恋的状态。

怎样才能够让他慢慢纠偏？就是母亲环境，什么叫作母亲环境？母亲要在。母亲在的时候要有声音，这就是为什么有唠叨的母亲比有沉默的母亲的孩子要更加健康。这个唠叨不是去指责孩子，而是指不停地跟孩子说话，不管这些话有没有意义。比如，这个孩子的小脚很臭，孩子的皮肤很白，孩子的酒窝很深，今天太阳很大，然后说一些花花草草，诸如此类。看起来，妈妈讲的都是一些废话，可是对孩子来说特别受用。因为他听到了妈妈的声音，听到了妈妈语气，听到了妈妈愉悦的感受。如果对孩子的照顾活动有一定的规律，这个环境是让他有规可循的，比如，早上起来先上厕所，再吃饭，然后散步、唱歌、讲故事、睡觉、喂奶。如果他生存的环境是规律而稳定的，这个孩子就会逐渐在心理上形成一个保护壳。只要在这个壳里面，他就知道自己是非常安全的。为什么有的孩子喜欢睡觉时摸着妈妈的乳房，或者要摸着妈妈的耳垂，就是因为这种行为让他有安全感，这就是母亲环境。在母亲环境中，他能够感觉到某种稳定性、某种恒定性。所以，母亲形成的某种规律对孩子内心的稳定来说基本上是一辈子的。

其实有时候成年人是这样的，他的一部分成年了，他的工作能力、他的智力都没问题，另外一部分则完全是一个有创伤的内在小孩。所以，如果你有足够的运气，营造一个母亲环境，你是一个环境母亲，孩子在跟你的互动中，就会逐渐变成成年人，恢复到他的成年人的状态。我们知道，有很多人智力超群，但是他的情感和早年的关系体验糟糕得一塌糊涂。早期体验导致的脆弱情感完全妨碍了他的智力发挥。当他的情况稳定下来的时候，学习、工作等，对他来说则完全不是问题。

[问题 2]

如果童年没有很好地玩耍，甚至没有去幼儿园，该怎么弥补这些缺失？我就是这种人，怎么改正呢？

本书第 2 章第五节就是跟玩耍有关系的。我有一个同事是很厉害的教授。早年跟他接触的时候，我就觉得他比较孤僻，而且比较容易被激惹。后来一起共事二三十年以后，他说起了这件事，他说在早年有两件事情对他影响很大，第一件事是他上幼儿园的第一天被别人欺负哭了，家里人一心疼，就把他抱回家不上幼儿园了。在家里他当然被呵护得很好，但是没孩子和他一起玩，所以他说他性格孤僻跟早年没有上幼儿园有关系。上幼儿园固然会遇到挫折，有人欺负你，有竞争，可是也有另外一方面就是合作，共同玩耍可以建立友谊。

第二件事就是他妈妈去世得比较早，他很早就失去了母爱。因此他缺乏玩耍，缺乏同伴，还缺乏母爱。

他是怎么转变过来的？首先，他上了大学，提升了智力。一个人即使小时候缺乏玩耍，但他的内心中也会和别人一样有个玩耍的孩子，他觉得，"哎，原来这件事情可以这样，那件事情可以那样"。在大学，在以后的社会中，他可能要找到一些玩伴，还有在书本中，他可以通过智力去弥补。所以你可以看到一个特别机械的人有时候也特别好玩，这就说明玩耍的内在小孩每个人都有，只是要看这个环境和跟你接触的人是什么样子。物以类聚，人以群分，说的就是这个意思，你跟什么人在一起，就可能成为什么样子。并且成年人还会去弥补，成年人的经验和儿童的经验也一样，也不一样，比如成年人玩耍和儿童玩耍不一样，成年人玩相机要钱，他爬雪山，他滑单板，但是儿童过个家家就行了。滑单板也是玩，玩相机也是玩，只不过是加了一个钱而已，成年人要玩的话，能玩的东西更多。总而言之，**人无癖好不可交，你要形成自己的癖好，哪怕是很小的癖好。**

[问题 3]

心里有委屈的内在小孩，现在已经成年了，该怎么解决呢？

本书第 2 章第六节的内容就是关于道歉的。如果小时候别人欠你一个道歉，可能你心里就会形成一个有委屈的内在小孩。现在已经成年了，应该怎么解决呢？父母应对孩子道歉，这是很多成年人的内在小孩在等待的。我经常在工作中尝试，看父母对孩子说哪些道歉的话孩子能接受。结果发现，父母承认孩子，他很能够接受；父母说"对不起"，他会说"那我接受不了"。可是，我们在角色扮演的时候，让一个人扮演父母对他说"对不起"，虽然他承受不了，但是他的全身开始发抖，他的眼睛开始充满泪水，然后泪水开始失控。

我们知道，就现实来说，你可以原谅你的母亲，你也可以不去计较父亲以前是怎么对你的，可是，在工作的时候，走进内在世界的时候，突然那一刻，那个成年人变成了一个很委屈的孩子。这个委屈的孩子听到什么声音的时候，他才会让自己的眼泪夺眶而出？就是父母很真诚地对他说："对不起，爸爸妈妈当年冤枉了你，爸爸妈妈当年不应该这样对你。"当然还有很多其他的话语，但是**所有的话语在一个委屈的孩子面前都不如"对不起"这 3 个字有效**。

[问题 4]

如果有恐惧的内在小孩，到底该怎么办呢？如何帮助内在小孩释放恐惧？

第一点，在我刚才说的依恋关系中，**你要回到依恋关系**。

换句话说，你要扮演一个母亲，或者要扮演一个环境母亲，怎么办？

第一点，要皮肤有接触，你要抱着一个孩子，我曾经说过，这个孩子会退化到一个原始的状态。依恋关系、依恋行为，都有一个拥抱反射，所以你要去抱他。有的时候你抱着孩子，孩子会哇哇大哭，甚至把你推开，这时你要抱他抱得更紧。

第二点，你不要再骂他了，也不要跟他讲道理。在一个孩子有巨大的恐惧时，他是听不进去道理的。这时候应该和他讲一些简单的话语，叫他名字，"宝宝，乖，妈妈在这儿"，反复叫他的名字，让他"不要害怕"。你不要讲特别复杂的情感，这时候连讲故事都不要讲，你只需让孩子听到你讲话的声音，然后柔声地说些安抚的话语："不要怕，妈妈在这儿，这没什么可怕的，可怕的事情不会在这儿，有妈妈在都不怕。"就这么简单。

第三点，要给孩子喝点甜的东西，因为在面对巨大恐惧的时候，人体会分泌去甲肾上腺素，血压会瞬间升高，会出汗，会出现显性和隐性的脱水现象，隐性脱水就是呼吸急促、水汽从口腔里呼出去，他一下子就会感觉到口渴，然后他的恐惧会导致他的皮质类固醇上升，身体开始出现抑制，他会感到冷。这时候你要给他喂些温水、甜水。如果是秋冬季，你就给他裹一条毛毯，然后抱紧他，就像动物回到原始状态。他一定要有包裹才会感觉到安全，有温暖的那种感觉。所以，毛毯对小孩来说要常备。小孩哭的时候，如果天气不是很热，任何时候你都可以把它披上，因为他哭的时候有显性和隐性脱水，恐惧容易散失热量，也容易引起感冒。这些其实都是母亲对孩子常做的事情。这个事情一做，就可以很快将孩子安抚下来。

[问题 5]

小时候总被家人调侃大腿粗、性格柔弱、不会反抗，长大后觉得自己不优秀、低自信、很受伤。怎么拥抱自己的内在小孩？

可参看本书第 2 章第九节。

这个问题，**实际上是寻求一种解决途径，就是怎么拥抱自己的内在小孩**。很有意思的是我们要讲的就跟技术有关系。由于这是你自己的过去，是**你的内在小孩，所以最好用成年人的你去安抚过去的你**。比如，想象一个受伤的内在小孩在无助地哭泣，那么这时候已经长大成年、有力量的你过去把这个孩子抱住，然后对他说如下的话语："虽然你现在这么孤独，但是不用害怕。你看若干年后的你就长成了我现在的样子，而我有力量来支持你。"

你说的这个问题恰好就回答了他，**用现在的语气安抚过去的你，这是最有力量的。**

[问题 6]

小时候经常被调侃不是亲生的，总幻想自己的亲生爸妈在另外的地方，这种感觉也是被抛弃感吗？怎么消除这种感觉呢？

一个小孩感觉到自己得到的陪伴不够、被爱不够的时候，他就会在内心寻找一个更理想的父母，这个叫作自恋的想象。这跟自大是一回事，只有这样想象以后他才有一对父母能够在他内心中照顾他，所以我们可以说这是孩子在很小的时候的一个特殊的防御，他必须有这种想象。

如果成年后还有这种想象，就属于一种精神病的症状了，叫作非血统妄想，怀疑自己不是亲生的，怀疑自己是被父母捡来的、偷来的，自己还另有亲生父母存在。这种非血统妄想，源自小时候被父母抛弃或父母陪伴不够等。这种人有的会去福利院工作。因为福利院里有很多孤儿，他去照顾别人的孩子、去陪伴。还有一些对动物特别热心，去捡宠物，对照顾别人特别热心。所以这种人在社会上是很正能量的。但是，有时候他们也做得比较过度，在照顾别人的同时也去控制别人。

修复被抛弃的感觉，虽然有升华的途径，但是我认为，最根本的还是要去建立一些亲密关系。一个是建立恋爱关系，不过恋爱关系对他来说可能会一再重复，因为不是他抛弃别人，就是别人抛弃他；另一个就是寻求专业的帮助，做心理治疗。